Research on
FPGA Chip Design
and Test Technology

FPGA
芯片设计与测试技术研究

张惠国　顾　涵　著

苏州大学出版社
Soochow University Press

图书在版编目(CIP)数据

FPGA 芯片设计与测试技术研究 / 张惠国，顾涵著
. —苏州：苏州大学出版社，2022.2 (2023.7 重印)
ISBN 978-7-5672-3899-2

Ⅰ. ①F… Ⅱ. ①张… ②顾… Ⅲ. ①可编程序逻辑器件 - 研究 Ⅳ. ①TP332.1

中国版本图书馆 CIP 数据核字(2022)第 031285 号

书　　名：FPGA 芯片设计与测试技术研究
FPGA Xinpian Sheji yu Ceshi Jishu Yanjiu

著　　者：张惠国　顾　涵
责任编辑：吴昌兴
装帧设计：吴　钰

出版发行：苏州大学出版社(Soochow University Press)
社　　址：苏州市十梓街 1 号　邮编：215006
印　　刷：广东虎彩云印刷有限公司
邮购热线：0512-67480030
销售热线：0512-67481020

开　　本：718 mm×1 000 mm　1/16　印张：13　字数：206 千
版　　次：2022 年 2 月第 1 版
印　　次：2023 年 7 月第 2 次印刷
书　　号：ISBN 978-7-5672-3899-2
定　　价：59.00 元

图书若有印装错误，本社负责调换
苏州大学出版社营销部　电话：0512-67481020
苏州大学出版社网址　http://www.sudapress.com
苏州大学出版社邮箱　sdcbs@suda.edu.cn

前　言

现场可编程门阵列（FPGA）主要包括可配置逻辑模块（CLB）、布线资源和输入输出模块（IOB），它支持可编程重复配置，具有灵活、风险低、开发周期短等优势，在通信、工业控制、汽车电子、数据处理、消费电子等领域得到了广泛应用。FPGA 可分为基于 SRAM 技术、基于反熔丝技术和基于 Flash EPROM 技术等几种类型，目前应用最多的是基于 SRAM 的 FPGA。FPGA 的性能及容量随着应用的需求不断提高，同时，各种空间应用也促使抗辐照 FPGA 设计愈来愈受到各大厂商和研究者的关注。

本书围绕基于 SRAM 的 FPGA，针对岛状的架构，对 FPGA 的各个模块进行了详细的分析和设计，并设计了可扩展的 FPGA 配置电路及可靠全局信号网络，同时对 FPGA 进行了抗辐照改进设计。封测结果表明，改进的设计具有较好的抗干扰性能及较高的抗辐照特性，以上结果应用到了规模为 6 000 门、20 万门、30 万门、60 万门、100 万门等多个 FPGA 设计中。具体的研究工作和结果如下：

① 体系结构设计。本书研究了 FPGA 的二维可扩展性规律。FPGA 由逻辑阵列、数字延迟锁定环、嵌入式块 RAM（BRAM）及外围的输入输出模块（IOB）组成。其中逻辑阵列是由层构（Tile）扩展组成，层构是基本的可重复单元，每个层构包括布线资源和可配置逻辑块（CLB）。本研究采用由两个数据链支撑的整体骨架，其中横向的是帧地址选择链，纵向则是数据传递链。在这两个链的联合工作下，完成把配置数据送到每个对应地址的 SRAM 中去。本书提出阵列式设计方法，当芯片进行扩展时，首先确认需要增加的 CLB 模块数量，然后将相应的数据链和地址链延长，添加对应的 BRAM 和 IOB 模

块，再根据规模，在时钟线上插入缓冲，就可以得到更大容量的FPGA。

② 详细电路设计。本书改进了 CLB 中的查找表设计，查找表能在不同的配置中实现分布式 RAM、移位寄存器、查找表等不同功能；同时在 CLB 中完成了具体快速进位链的设计，用于实现 FPGA 中高效的算术运算。IOB 设计方面，实现了能兼容 16 种电平标准，实现3.3 V和 5.5 V 的电平兼容设计。布线模块上，完成了布线结构的分层设计。在配置电路设计过程中，设计了两种配置电路原型，一种是基于 JTAG 的针对简单 FPGA 的配置电路，另一种是基于状态机的能兼容 Virtex 系列 FPGA 的复杂配置电路。两种电路都经过了流片验证，能适用于不同的场合。同时，本书专门研究了高性能时钟网络，提出了分层时钟网络模型，采用数字延迟锁定环（DLL）消除了时钟偏差。

③ 抗干扰和抗辐照设计研究。抗干扰设计方面，本书从分析配置单元的信噪比入手，主要设计了配置单元供电结构，用于提高配置单元的信噪比，从而提高整个 FPGA 的抗干扰能力。抗辐照设计方面，针对 CMOS 工艺的特点和缺陷，本书在工艺、版图和电路设计中，研究了 FPGA 的抗辐照技术，得到了在硬件底层的抗辐照加固技术，并经过多次的流片验证，给出了相应的测试对比结果。

④ FPGA 测试技术研究。本书提出逻辑资源的分类方法，对每类资源，采用相同的 BIST（内建自测试）完成测试，并用动态重配置优化测试过程，达到了以较少的测试配置完成逻辑资源的完全测试。在布线的测试方面，本书根据不同的开关类型，设计不同的测试图形，获得了较高的测试覆盖率。通过分析验证，资源能得到接近100%的测试覆盖。

本书主要结合作者及研究团队在 FPGA 方向的研究结果，系统介绍了 FPGA 芯片设计与测试技术。第 1 章介绍研究背景、FPGA 的基本结构，并概述本书的主要研究内容；第 2 章详细介绍了 FPGA 的基本结构，研究了可配置逻辑块（CLB）、可编程输入输出模块（IOB）及布线资源的设计方法，重点介绍了查找表、快速进位链、IOB 多电平接口设计及布线设计；第 3 章主要研究了 FPGA 配置结构的设计；第 4 章研究 FPGA 中的全局信号网络，包括配置 SRAM 单独供电全局电源、全局时钟网络设计技术；第 5 章研究了 FPGA 器件抗辐照设计和加固技术，从电路设计、工艺、版图技术三个方面改进，并给出了相应的实验验证结果；第 6 章介绍了 FPGA 的测试方法，提出了 FPGA 逻辑资源及布线资源的测试技术；第 7 章给出了几种大容量 FPGA 的具体设计及相应的测试结果；第 8 章总结创新成果，并对后续研究做了展望。本书可供在相关领域从事科研和教学的工作人员参考。

作者在本书撰写过程中查阅了大量的文献和资料，参考了一些网上资料和文献中的部分内容，在此特向其作者表示真诚的谢意。

由于时间有限，书中难免存在疏漏之处，敬请有关专家和各位读者批评指正。

张惠国

2021 年 12 月

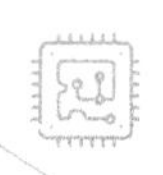

目　录

第 1 章　绪论　/　1

1.1　研究背景　/　3

1.1.1　FPGA 分类及特点　/　3

1.1.2　FPGA 国内外发展概况　/　5

1.2　FPGA 研究的目标和意义　/　7

1.3　本书主要工作　/　9

第 2 章　CLB、IOB 及布线设计　/　11

2.1　可编程逻辑块设计　/　13

2.1.1　FPGA 高性能查找表的设计与实现　/　13

2.1.2　CLB 算术逻辑及快速进位链的设计　/　20

2.2　输入输出接口设计　/　27

2.2.1　I/O 接口简介　/　27

2.2.2　可编程 I/O 接口的原理与设计　/　28

2.3　布线结构设计和层构扩展技术　/　36

2.3.1　布线结构概述　/　36

2.3.2　布线结构设计　/　39

2.3.3　层构设计　/　41

2.3.4　层构中的开关设计　/　43

2.3.5　层构的拼接与互联　/　46

2.4　本章小结　/　47

第 3 章　FPGA 的配置电路设计　/　49

3.1　基于 JTAG 的 FPGA 配置电路　/　51
3.1.1　基于 JTAG 的配置过程　/　51
3.1.2　配置控制结构　/　53
3.1.3　CRC 校验模块　/　55
3.1.4　设计验证与物理实现　/　56
3.2　易扩展配置电路的设计　/　57
3.2.1　FPGA 启动过程　/　58
3.2.2　配置电路设计　/　59
3.3　本章小结　/　79

第 4 章　全局信号网络的设计　/　81

4.1　FPGA 配置单元抗干扰维持电路设计实现　/　83
4.1.1　FPGA 配置单元设计和噪声容限仿真　/　84
4.1.2　抗干扰低压维持结构原理　/　87
4.1.3　设计与实现　/　89
4.1.4　物理实现　/　91
4.1.5　实验结果　/　91
4.2　FPGA 时钟分配网络设计技术　/　94
4.2.1　FPGA 的时钟布线结构　/　94
4.2.2　利用锁相环的时钟分配结构　/　96
4.3　本章小结　/　104

第 5 章　FPGA 的抗辐照加固设计　/　105

5.1　辐照原理　/　107
5.2　FPGA 的抗辐照冗余设计流程　/　109
5.3　总剂量加固技术　/　110
5.3.1　版图加固设计技术　/　111

5.3.2　大头栅器件版图参数提取　/　113
5.3.3　工艺加固　/　114
5.3.4　加固后的实验结果　/　115
5.4　单粒子翻转加固技术　/　116
5.4.1　SRAM 的抗单粒子翻转设计原理　/　117
5.4.2　加固设计的双互锁存储单元（DICE）　/　118
5.4.3　DICE 单元的版图设计　/　121
5.4.4　锁存器和触发器的加固设计　/　122
5.4.5　测试结果　/　124
5.5　单粒子闭锁（SEL）加固技术　/　124
5.6　本章小结　/　125

第 6 章　FPGA 的测试　/　127

6.1　概述　/　129
6.1.1　FPGA 模型　/　130
6.1.2　故障模型　/　131
6.2　逻辑资源的测试方法　/　132
6.2.1　块 RAM 的 BIST 测试　/　132
6.2.2　三态缓冲的 BIST 测试　/　134
6.2.3　CLB 内部资源的 BIST 测试　/　135
6.2.4　部分重配置　/　136
6.2.5　实验数据及结论　/　137
6.3　布线资源测试　/　138
6.3.1　短线直连开关测试方法　/　138
6.3.2　其他布线开关测试　/　146
6.4　本章小结　/　152

第 7 章　FPGA 芯片特性　/　153

7.1　6 000 门 FPGA　/　155

7.1.1　芯片特征　/　155

7.1.2　主要性能　/　157

7.1.3　芯片测试　/　158

7.2　20 万门、30 万门、100 万门 FPGA 芯片　/　160

7.2.1　芯片特征　/　160

7.2.2　主要性能　/　164

7.2.3　芯片测试　/　165

7.3　本章小结　/　170

第 8 章　结束语　/　171

参考文献　/　176

附录 1　短线开关测试的码点转换 Verilog 程序　/　179

附录 2　XDL 语法简述及短线开关测试实例　/　190

第1章 绪论

现场可编程门阵列（Field Programmable Gate Array，FPGA），是在可编程阵列逻辑（Programmable Array Logic，PAL）、通用阵列逻辑（Generic Array Logic，GAL）、可擦除可编程器件（Erasable Programmable Logic Devices，EPLD）等可编程器件的基础上进一步发展的产物。自从20世纪80年代推出并商业化以来，数字电路的设计方式发生了革命性变化。随着FPGA逻辑容量的增加和CAD工具的自动化能力的提升，FPGA已成为众多电子工程师的首选方案，其市场越来越庞大。本章首先介绍FPGA芯片的研究背景，接着论述设计目标、意义和本书主要工作。

§1.1　研究背景

1.1.1　FPGA 分类及特点

FPGA 内部主要包括可配置逻辑块 CLB（Configurable Logic Block）、输入输出模块 IOB（Input Output Block）、内部可编程互联线 PI（Programmable Interconnect）和 IP 核等部分。利用 FPGA，电子系统设计工程师可在实验室中设计出专用集成电路，实现系统集成。FPGA 具有静态可重复编程或在线动态重构特性，使硬件的功能可以像软件一样通过编程来修改，从而可以灵活快速地将一个通用的 FPGA 芯片配置成用户需要的硬件数字电路。采用 FPGA 设计 ASIC 电路，用户不需要投片生产，可做其他全定制或半定制 ASIC 电路的中试样片。FPGA 内部有丰富的触发器和 I/O 引脚，是 ASIC 电路中设计周期最短、开发费用最低、风险最小的器件之一，大大缩短电子产品的研发周期，降低研发成本，加快产品上市时间。自发明到现在，现场可编程门阵列（FPGA）以其独特的优点被成功应用在航空航天、工业控制、数据通信、计算机硬件等领域，也被成功应用在保密通信和多种先进的武器系统中。

FPGA 给电路设计师带来了新的理念，可编程特性给电路设计和系统设计者带来了极大的灵活性，并使器件兼容性能和使用率大幅提高。在输入输出接口方面，常利用可编程特性实现多种电平的兼容，一种接口能配置成不同的标准，从而应用于多个场合。工业上各大 FPGA 厂商有着自己的可编程接口模块的设计，总体朝着低功耗、低压高速方向发展。

FPGA 编程技术主要有基于 SRAM 技术、基于反熔丝技术及近年来出现的基于 Flash EPROM 技术等几种类型，其中以基于 SRAM 技术的FPGA产品为主。

从逻辑模块的设计角度来看，基于SRAM的FPGA中的开关主要由配置SRAM单元控制，其所占面积较大，速度也相对较慢，布线开销比较大。因而其逻辑模块设计得比较大，以此弱化布线开关的影响。以Xilinx的FPGA为例，逻辑模块由4输入查找和触发器组成基本逻辑单元，每个逻辑模块成对称设计，各个输入引脚等效。基于Flash的低成本FPGA，其开关尺寸较小，开销也较小，大约是SRAM开关的七分之一。其逻辑模块可以设计得相对较小，在商业上基于Flash的FPGA ProASIC和ProASIC-Plus中，逻辑模块采用一个触发器可以配置成3输入的组合逻辑。而基于反熔丝的FPGA的开关开销最小，大约是SRAM开关的十分之一，其逻辑模块采用基于多路选择器的设计，额外的触发器用于实现组合逻辑。

从软件设计的角度来看，FPGA软件最难处理的部分是布局、布线，显然，布线开关越多，其自动布局、布线的难度越高。因此，基于SRAM的FPGA软件开发难度最大，而基于Flash和反熔丝的FPGA软件开发难度相对较小。另外，基于Flash和反熔丝的FPGA布线类似于ASIC的布局布线，其软件开发可以直接借鉴ASIC的布局、布线方法。

从硬件物理层次的编程来说，基于SRAM的编程是最简单的，其可以利用普通的工作电压编程。而Flash和反熔丝的编程则需要高压，同时需要专门的晶体传输管网络来选通需要编程的特定开关点。从工艺上讲，基于SRAM的FPGA采用通常的标准CMOS工艺，比一般的Flash和反熔丝工艺要先进一代，故利用最先进的工艺部分抵消了基于SRAM的FPGA的布线开销。

在抗辐照能力方面，各种类型的FPGA的抗辐照能力也直接由FPGA的编程技术所决定。在抗电离总剂量方面，基于反熔丝的FPGA的布线开关基本不受影响，其器件的抗辐照能力由其中的CMOS逻辑部分决定。而基于SRAM的FPGA的SRAM开关属于CMOS逻辑，其抗辐照能力相比基于反熔丝的FPGA有所下降。而基于Flash的FPGA的抗辐照能力则由有开关的浮栅结构决定[1]。

同样，SRAM 开关还易受单粒子翻转（Single Event Upset,SEU）效应的影响。表 1.1 给出了 SRAM 开关在不同海拔高度的单粒子翻转测试结果[2]。

表 1.1　SRAM 开关在不同海拔高度的单粒子翻转测试结果

V_{CC}/V	海拔/m	开关数量/个	小时数/h	错误/个	辐照截面积/cm^2
1.5	海平面	1 958 546 400	3 246	4	3.15×10^{-14}
1.5	5 200	1 958 546 400	8 645	18	3.18×10^{-14}
1.5	12 250	1 958 546 400	2 084	24	3.20×10^{-14}

在单粒子翻转效应中，基于非易失开关的 FPGA 仅需要对逻辑模块进行 SEU 加固，而基于 SRAM 的 FPGA 在 SEU 加固时需要大量面积开销，硬件层次上的加固方法还在不断研究中。

表 1.2 综合列出了不同编程技术下 FPGA 的性能对比。

表 1.2　不同编程技术下 FPGA 的性能对比

<table>
<tr><th>项目</th><th>SRAM</th><th>Flash（EEPROM）</th><th>反熔丝</th></tr>
<tr><td>开关控制</td><td>易失</td><td>非易失</td><td>非易失</td></tr>
<tr><td rowspan="4">重配置</td><td>快</td><td>慢</td><td rowspan="4">不可重配置</td></tr>
<tr><td>正常工作电压</td><td>高压</td></tr>
<tr><td>编程次数不限</td><td>约 1 000 次重复编程</td></tr>
<tr><td>可在线重配置</td><td>离线重配置</td></tr>
<tr><td>SEU</td><td>开关易受影响</td><td>开关对 SEU 不敏感</td><td>开关不受影响</td></tr>
<tr><td>TID</td><td>开关受通常的 CMOS TID 影响</td><td>开关受典型的 Flash TID 影响</td><td>开关不受影响</td></tr>
</table>

目前的主流应用是基于 SRAM 的 FPGA，这也是本书着重研究的。

1.1.2　FPGA 国内外发展概况

20 世纪 70 年代可编程逻辑器（Programmable Logic Device,PLD）问世，80 年代末采用 EECMOS 工艺，推出了大规模和超大规模的复杂可编程逻辑器件（CPLD）和现场可编程门阵列器件（FPGA），目前产品已进入成熟期，得到了广泛的应用与发展。CPLD/FPGA 不仅具有电可擦除特性，而且具备边界扫描及在线编程等优良特性。另外，外围 I/O 模块扩大了在系统中的应用范围和扩展性。较常用的 FPGA 出自 Xilinx 公司、Altera 及 Lattice 公司。1992 年，Lattice 公司率先推出 ISP（In-System Programmability），并推出 ISP_LSI1000 系列高密度 ISP 器件。而 1998 年 FPGA 的主流产品集成度约为 1 万~3 万门，同时 25 万门产品开始面世，1999 年主流产品的集成度为 40 万门，2000 年出现了容量为 200 万门的产品，到 2006 年达到了千万门级的规模，目前已达到亿门级以上的集成度。

在器件的可靠性方面，国外的嵌入 Flash 的 FPGA 已达到了军用宇航级水平，如 Actel 公司的 ProASIC Plus Flash FPGA。Actel 公司宣布的一项全面的第三方研究结果证实，以 Flash 和反熔丝技术为基础的现场可编程门阵列具有抗配置翻转的免疫能力。其中，翻转是由地球大气层中自然产生的高能量中子引起的。该研究还确定以 SRAM 为基础的 FPGA 不仅像传统观念那样，在高空环境中易于发生中子引起的配置损耗，而且在地面级应用中也会发生，包括汽车、医疗、电信，以及数据存储和通信领域。在 iRoC 进行的一系列测试中，确定 5 种不同 FPGA 架构的故障概率，包括 Xilinx 公司的 Virtex-Ⅱ和 Spartan-3 SRAM 架构 FPGA，Altera 公司以 SRAM 为基础的 Cyclone FPGA，以及 Actel 公司以反熔丝为基础的 Axcelerator FPGA 和以 Flash 为基础的 ProASIC Plus 器件。测试结果显示，以反熔丝和 Flash 为基础 FPGA 在中子轰击下未出现配置损耗，而以 SRAM 为基础 FPGA 则出现 FIT（时间延续故障），范围由基于海平面的 1 150~5 000 英尺（1 英尺 = 0.304 8 米）高度的 3 900，至 60 000 英尺高度的 540 000。一个 FIT 的定义为在 10^9 小时内出现一次错误。一般集成电路的 FIT 为 100 以下，至于高可靠性应用所要求的 FIT 为 10~20。

高可靠电子产品的高度集成及数字化是必由之路，我国的电子设计技术经过了 SSI 和 MCU 阶段，现在又面临一次新突破，即 CPLD/FPGA 在 EDA 基础上的广泛应用。如果说 MCU 在逻辑的实现上是无限的话，那么CPLD/FPGA不但包括了MCU这一特点，而且可触及硅片电路的物理界限，并兼有串、并行工作方式，高速、高可靠性及高适用性等诸多方面的特点。随着EDA技术的发展和CPLD/FPGA在深亚微米领域的应用，它们与MCU、MPU、DSP、A/D、D/A、RAM及ROM等器件间物理与功能界限已日益模糊。伴随着软/硬IP核的迅速发展，嵌入式通用及标准FPGA器件、片上系统（SOC）、CPLD与FPGA以其不可替代的地位正越来越受到国内外武器装备生产商的关注。

CPLD/FPGA与其他产品（如MCU）相比，其优点越来越明显。CPLD/FPGA产品采用先进的JTAG-ISP和系统配置编程，这种编程方式可轻易地实现红外线编程、超声编程或无线编程，或通过电话线远程编程，编程方式简便、先进。这些功能在军事上有特别的用途。CPLD/FPGA的设计开发采用功能强大的EDA工具，通过符合国际标准的硬件描述语言（如VHDL或Verilog-HDL）来进行电子系统设计和产品开发。开发工具的通用性、设计语言的标准化及设计过程几乎与所用的CPLD/FPGA器件的硬件结构没有关系，所以设计成功的逻辑功能软件有很好的兼容性和可移植性，且开发周期短。

基于SRAM的FPGA是应用较为广泛的一种，它能够短时间内完成在线可编程，而且编程次数可以无限制。在一些远程环境的控制应用中，基于SRAM的FPGA得到了广泛的应用。目前，国内对FPGA芯片研发投入了较大的人力，研究围绕基于SRAM、Flash等各种技术的FPGA展开。

§1.2 FPGA研究的目标和意义

FPGA的发展分为3个阶段：在20世纪80年代中期刚推出时，它们用于替代特定应用中的标准门阵列，在这类应用中，仅有单一的配置被加载到FPGA中。在第2代中，FPGA可使用多种配置，但重配置不是很频繁。在这类系统中，重配置的时间不是很重要。现在，新的应用要求 FPGA 有较短的配置时间，因此新一代 FPGA 能支持多种类型的重配置方式。

近年来，FPGA 和 ASIC 的性能差距在逐步缩小，能在原来只有 ASIC 的众多应用环境中使用。较快的上市时间，也使得 FPGA 在原型机的设计中被广泛使用。在 1970 年底，一般的系统基本由微处理器、存储芯片及一些分立器件组成。到了 20 世纪 80 年代，较大部分的分立逻辑由 ASIC 替代，有一部分由 FPGA 来替代。到 20 世纪 90 年代，分立逻辑基本消失，这时的系统由微处理器、存储器、ASIC 和 FPGA 组成。现在，在一些领域 ASIC 正在逐渐被 FPGA 所替代。另外，在 FPGA 芯片中，复杂的结构（如存储器、处理器等）通常被加入 FPGA 作为其中的一个模块。所以 FPGA 也在同时取代微处理器及存储器而作为系统的一个组成部分。因此，现在的 FPGA 更多地在于融合微处理器和可编程等特性，成为一个系统级的应用平台。

FPGA 规模越来越大，集成度越来越高。FPGA 的可配置逻辑块的设计是研究热点。随着速度不断提高，性能不断提升，需要合理设计布线的体系结构及芯片的全局信号网络，如时钟网络及供电网络的设计。

FPGA 的应用接口环境多样，要求研究适应性强、可编程的输入输出接口电路。

我国在高可靠领域采用了大量的 FPGA 芯片，应用已经达到国外先进产品水平。但我国 FPGA 芯片研究和开发水平严重滞后，除了仿制少量国外早期低档品种外，几乎没有其他成果；目前的品种规模在 1 000 门到数十万门，为国外 20 世纪 80 年代后期到 90 年代中期产品水平。随着我国空间应用及辐射环境中 FPGA 应用的增多，需要越来越多高可靠性、大容量 FPGA。这就需要研究传统的 FPGA 各个逻辑模块的设计及改进方法，并研究 FPGA 的抗干扰设计及抗辐照设计技术，还要考虑 FPGA 的可靠性和兼容性的问题。

§1.3 本书主要工作

本书主要工作是结合基于 SRAM 的 FPGA 设计项目，对其中的难点和关键技术问题进行了研究。具体就体系结构、模块电路设计、可靠性设计、测试方面进行了探讨，并将成果应用到 20 万门、30 万门、60 万门及 100 万门不同容量的 FPGA 设计中。

在体系结构方面，深入研究了 FPGA 设计的二维可扩展性。FPGA 由逻辑阵列、数字延迟锁定环、嵌入式块 RAM（BRAM）及外围的输入输出模块（IOB）组成。其中逻辑阵列由层构（Tile）扩展组成，层构是基本的可重复单元，每个层构包括布线资源和可配置逻辑块（CLB）。采用由两个数据链支撑的整体骨架，其中横向的是帧地址选择链，纵向的则是数据传递链。在这两个链的联合工作下，把配置数据送到每个对应地址的 SRAM 中去。本书提出阵列式设计方法，当芯片进行扩展时，首先确认需要增加的 CLB 模块数量，然后将相应的数据链和地址链延长，添加对应的 BRAM 和 IOB 模块，并根据规模，在时钟线上插入缓冲，就可以得到更大容量的 FPGA。

在模块电路设计方面，本书改进了 CLB 中的查找表设计，查找表能在不同的配置中实现分布式 RAM、移位寄存器等不同功能；同时在 CLB 中完成了具体快速进位链的设计，用于实现 FPGA 中高效的算术运算。在 IOB 设计方面，实现了能兼容 16 种电平标准，3.3 V 和 5.5 V 的电平兼容设计。在布线模块方面，完成了布线结构的分层设计。在配置电路设计过程中，设计了两种配置电路原型，一种是基于 JTAG 接口的针对简单 FPGA 的配置电路；另一种是基于状态机的能兼容 Virtex 系列 FPGA 的复杂配置电路。两种电路都经过了流片验证，适用于不同的场合。同时，专门研究了高性能时钟网络，提出了分层时钟网络模型，采用数字延迟锁定环（DLL）消除了时钟偏差。

在可靠性方面，本书从抗干扰和抗辐照两个方面进行研究。对于抗干扰设计，本书从分析配置单元的信噪比入手，主要设计了配置单元供电结构，用于提高配置单元的信噪比，从而提高整个 FPGA 的抗干扰能力。在抗辐照设计方面，本书针对 CMOS 工艺的特点和缺陷，在工艺、版图和电路设计方面，研究了 FPGA 的抗辐照技术，得到了在硬件底层的抗辐照加固技术，并经过多次的流片验证，给出了相应的测试对比结果。

在测试方面，本书提出逻辑资源的分类方法，对每类资源，采用相同的 BIST 完成测试，并用动态重配置优化测试过程，达到了以较少的测试配置完成逻辑资源的完全测试。在布线的测试方面，根据不同的开关类型，设计不同的测试图形，获得了较高的测试覆盖率。通过分析验证，资源能得到 100%的测试覆盖。

第2章 CLB、IOB及布线设计

FPGA 包括可配置逻辑块（CLB）、布线资源及可编程输入输出模块（IOB）。可配置逻辑块完成基本的组合和时序逻辑功能；可编程布线资源将不同的组合或时序模块连接起来构成完整的系统；可编程输入输出模块主要完成各种电平转换，实现与其他电路的接口。本章针对岛状 FPGA 展开研究，探讨各个模块的关键设计技术。

§2.1 可编程逻辑块设计

可编程逻辑块实现电路的基本逻辑，布线连接完成实现终端用户所需要的电路系统的功能。业内已经有较为成熟的 CLB 的结构和设计方法，Altera 公司和 Xilinx 公司主要采用基于 SRAM 的查找表（LUT）技术，两者的区别在于总体架构不同，Altera 采用行排式结构，Xilinx 采用岛状结构；Lattice 公司主要采用基于 EEPROM 及闪存的 LUT 技术；Actel 公司的 FPGA 主要采用基于多路选择器的反熔丝技术。本节重点研究可编程逻辑块中基于 SRAM 的高性能 LUT 结构设计及快速进位算术逻辑设计。

2.1.1 FPGA 高性能查找表的设计与实现

可配置逻辑块是 FPGA 实现逻辑的核心，其广泛利用了查找表（LUT）技术实现基本逻辑函数。利用查找表构成逻辑函数时逻辑深度浅，延时较小，查找表的各个输入端在逻辑上等效，构成电路时只需考虑满足输入输出端的要求，有利于工艺映射算法的实现。以往的研究主要关注结构对性能与面积的影响[3-5]，而对具体晶体管级的设计研究较少。I. Kuon 等对 FPGA 的研究表明[6]，仅改变一个结构的晶体管尺寸能比以往实验中改变结构得到更大的调整。

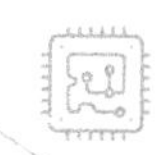

下面从结构与晶体管级电路设计两个方面研究 FPGA 查找表的设计[7]，通过改进 LUT 结构、定制晶体管的尺寸完成了一个高性能查找表的电路实现。所设计的查找表能够灵活地配置成 RAM 及移位寄存器，使得 FPGA 在实现电路时效率更高。

查找表类似于用 ROM 实现组合逻辑函数，输入等效于 ROM 的地址码，通过查找 ROM 中的地址表，可得到相应的组合逻辑函数输出。这里是把 ROM 变成了已经配置的 SRAM 单元，其中存放着目标函数的真值表，输入信号通过译码电路将 RAM 中的相应值输出。例如，一个 2 输入的查找表，输入之间有 4 种组合状态，每种状态对应一种输出。如果用一个 SRAM 单元记录一种输出，那就需要 4 个 SRAM 单元。把 2 个输入作为查找 SRAM 单元的地址码，4 个 SRAM 单元加上译码电路，就构成一个 2 输入的查找表。每个 SRAM 单元可以有 2 种取值，共有 16 种不同的取值，从而就可以构成 2 个输入变量的 16 种函数。图 2.1 是一个 2 输入查找表，其中 $M_1 \sim M_4$ 是存储单元，存储要实现函数的真值表，内容在 FPGA 配置时存入，与存储单元相连的反相器用于输出缓冲。F_0、F_1 用作地址选择信号，虚线框为用 NMOS 传输管实现的地址译码电路。地址 F_0、F_1 通过译码选择相应的存储输出完成查找表的基本功能。

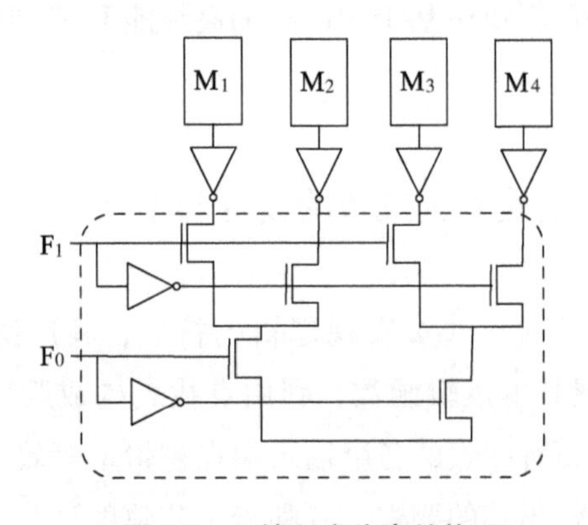

图 2.1　2 输入查找表结构

查找表实质上就是一个存储器，对于 *N* 输入的 LUT，需要 2*N* 个存储单元，可以实现任何 *N* 输入的函数。随着输入端的增加，LUT 的规模指数增加，面积也变大；同时，用于实现相同的逻辑，较多输入 LUT 的逻辑深度较浅，有较好的性能。实际设计中应先权衡，对 LUT 的输入数取一个较为合适的值。研究表明，使用 4 输入查找表可以获得最有效的面积，而且能获得最佳的面积-延时性能；使用 6 输入查找表可以获得最佳性能；混合使用 2 输入和 3 输入查找表可以获得与 4 输入相当的面积有效性。商业上，Xilinx 公司在 Spartan 系列及 Virtex 系列采用了 4 输入查找表，从 Virtex 5 开始使用了 6 输入查找表。Altera 公司在 Flex 系列中使用了 4 输入查找表，Stratix Ⅲ使用了 7 输入查找表。

考虑面积-延时性能的优化，并避免因混合使用不同输入查找表而带来的设计复杂性，基于 0.25 μm 的工艺在设计中采用 4 输入查找表。

查找表的基本功能是实现输入的各种函数组合，随着 FPGA 技术的发展，期望各种高性能数字电路在 FPGA 上实现，这就要求 FPGA 能提供快速的移位寄存器及快速的 RAM。利用 FPGA 中的硬核 RAM、乘法器及 DSP 可大大减少 FPGA 的面积开销，但速度提高不明显。利用 FPGA 中嵌入的 RAM 块有时不能满足速度的要求，而传统的利用触发器构成移位寄存器将会造成较多的面积开销。由于 LUT 本身就具有存储的能力，速度又快，可对其进行功能扩展，增加控制电路，提供基于 LUT 的快速移位寄存器和分布式 RAM。

要使 LUT 能配置成移位寄存器和分布式 RAM，需要增加 LUT 存储单元的写功能和移位的时序控制。LUT 整体设计结构如图 2.2 所示，主要有多路选择译码电路、存储单元和控制电路 3 个部分。

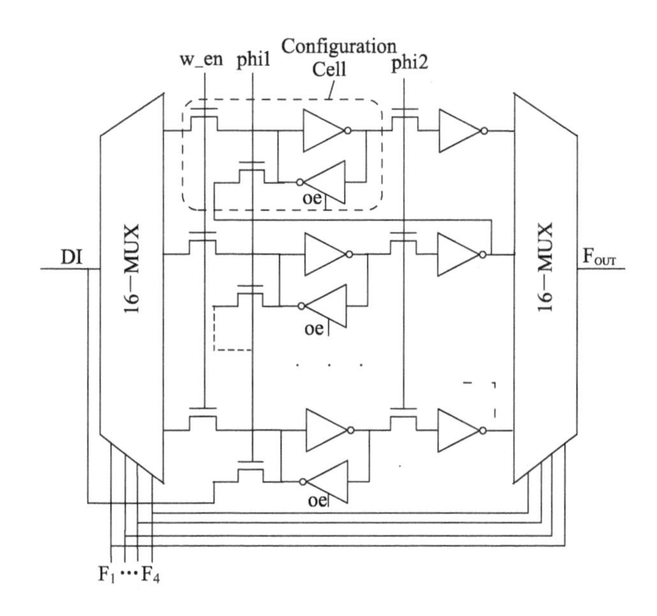

图 2.2　LUT 整体设计结构

此结构在实现典型的 4 输入函数发生器功能时，将 w_en 与 phi1 控制的 NMOS 管关断，phi2 连接的 NMOS 管开启；实现移位寄存器时，w_en 关断对应的 NMOS 管，phi1 与 phi2 上施加双相不交叠时钟信号控制移位寄存器的移位；实现 RAM 功能时，可关断 phi1 相应的 NMOS 管，开启 phi2 对应的 NMOS 管；写入 RAM 时，在 w_en 与 oe 施加双相不交叠时钟信号。

查找表内部的存储单元决定了查找表的面积性能，其结构如图 2.3 所示。图中 WL 为字线，BL_1 和 BL_2 为位线，这 3 个输入端口用于 FPGA 初始配置时配置信息的写入。D_1 为将 LUT 配置成移位寄存器（shift_r）或 RAM（ram_w）时的数据写入端。D_2 为存储单元的数据输出端。在图 2.2 中为了表述清晰，省略了 WL、BL_1 和 BL_2 3 个端口。图 2.3 中的 oe 端用于辅助存储单元的写入。利用 oe 的控制功能，写分为两个阶段，当 oe 为低时，接收输入端的信号，存储的信号跟随输入信号而变化；当 oe 为高时，就将信号锁存在存储单元中。此时的存储单元在逻辑上可等效为一个主从触发器。

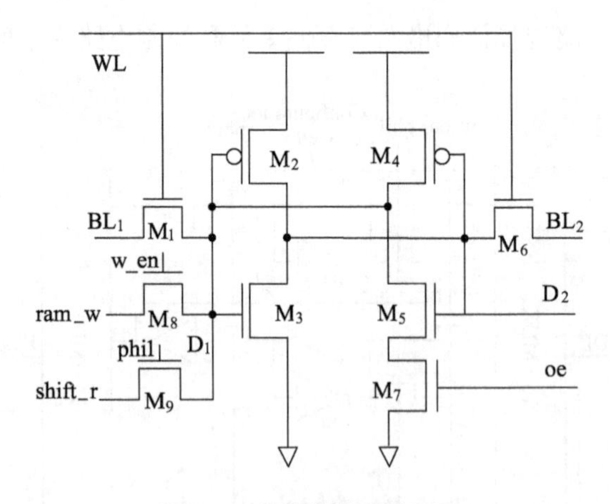

图 2.3　带使能的配置单元

传统的存储单元没有使能 NMOS 管 M_7，为增加存储的可靠性，设计时需要定制 M_8、M_9 与 M_2、M_5 的管子比例，通常采用较大沟长的 M_5。另外需要在 D_2 端增加访问 NMOS 管，分别用于控制输入 ram_w 与 shift_r 的反相信号，设计出较大的单元面积。图 2.3 因增加了使能

NMOS 管 M_7，设计时不需要再定制输入管和上拉管、下拉管之间的比例，可将存储单元的 MOS 管取较小的值。实际设计中，将所有的 PMOS 管和 NMOS 管做成相同大小，采用了较小尺寸设计各个 MOS 管（PMOS 管与 NMOS 管宽/长均为 0.6 μm/0.25 μm）。在满足性能要求的同时，减小了版图面积。

为提高查找表的性能，我们设计了专门的控制电路，其结构如图 2.4 所示。图 2.4(a) 是整个控制电路的总体框图，shr、ram 与 cp 是由模式选择电路产生的信号，cp 为时钟信号。图 2.4(b) 产生具体的控制信号，当信号 shr = 1，ram = 0 时，LUT 配置成移位寄存器功能；当信号 shr = 0，ram = 1 时，LUT 配置成 RAM 功能，此时 w_en 与 oe 施加双相不交叠时钟信号；当 shr 与 ram 都为 0 时，LUT 实现逻辑函数产生器的功能；shr 与 ram 均为 1 时的状态为禁止状态，由前面的模式选择电路控制。图 2.4(c) 为双相不交叠时钟信号产生电路，所产生的时钟信号频率由输入时钟所控制。

图 2.4(c) 中跨接在反向器 I_3 输入输出端的弱上拉 PMOS 管 M_2 及跨接在 NOR_2 输入输出端的弱上拉 PMOS 管 M_6 用作电平恢复管，用于恢复传输管 M_1 和 M_4 上的电压降。设计中需要特别设计 M_2 与 M_1 及 M_6 与 M_4 管子的比例。在 A 点电平从 1 到 0 变化时，M_1 将 A 点电平下拉，M_2 将 A 点电平上拉，两个 MOS 管组成一个有比电路，需要保证 M_1 的下拉强于 M_2 的上拉。在 A 点电平从 0 到 1 变化时，对 M_2 与 M_1 管的比例无要求，此时 M_2 与 I_3 组成了一个正反馈的结构，减小了 I_3 的下降沿时间，提高了电路性能。对于 B 点，可同样分析。设计中，将 M_1 设计成 10 倍于 M_2 的大小。电路的工作过程如下，当设置反相器 I_2 的输入端信号为 1 时，不产生双相时钟；当 I_2 输入端为 0 时，对应每个 cp 的上升沿，输出 pn 将有一个对应高电平出现，然后经过反相器 I_5、I_6、I_7 和 I_8 的延迟反馈回 NOR_2 的另一个输入端，将 pn 变为低电平，于是产生一个和时钟对准的高电平短脉冲。脉冲的宽度由 NOR_2、I_5、I_6、I_7 和 I_8 组成的振荡环的延迟决定。

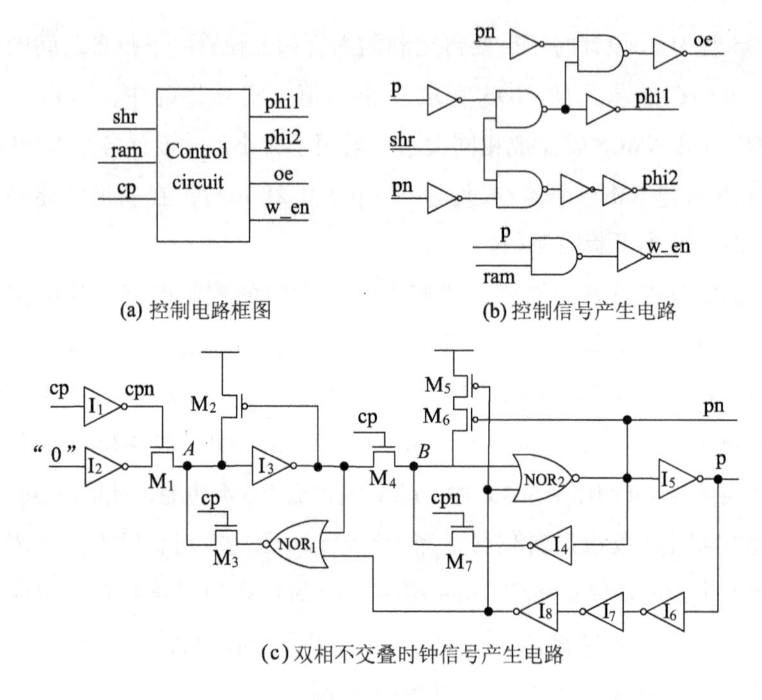

(a) 控制电路框图　　(b) 控制信号产生电路

(c) 双相不交叠时钟信号产生电路

图 2.4　控制电路结构

对设计的查找表，我们进行了全面的仿真验证。其仿真条件及过程为：通过定制版图并由 Hercules StarRc 提取版图参数，在典型情况下，利用 HSPICE 对 LUT 进行了仿真。图 2.5 中给出了 shr = 1，ram = 0 时，LUT 配置成移位寄存器的仿真情况。这里假设 DI 输入端（图 2.2）保持为“1”。图中 phi1 与 phi2、phi1 与 oe 分别形成双相不交叠时钟，它们自动与时钟 cp 的上升沿对齐，一个时钟周期产生一个脉冲。ram15 ~ ram13 表示每个时钟周期 RAM 存储单元中的数据移位，图 2.5 中只给出了高三位的情况。

查找表版图设计时的主体部分是 LUT 存储单元、多路选择器、控制电路，以及用于配置多路选择的配置单元。设计中，FPGA 中的 CLB 有 4 个 LUT 结构，版图实现时充分利用了共享优化技术，最终的 LUT 版图如图 2.6 所示。版图为一个对称的结构，两边是 LUT 和多路选择器，中间为控制电路和配置单元，整体面积为 50 μm×180 μm。方框 A 处是一组 LUT 和多路选择器，版图面积为 25 μm×60 μm；B 处是一组控制结构，版图面积为 20 μm×30 μm；C 处为用于配置 4 个 LUT 结构的配置单元，版图面积为 10 μm×60 μm。

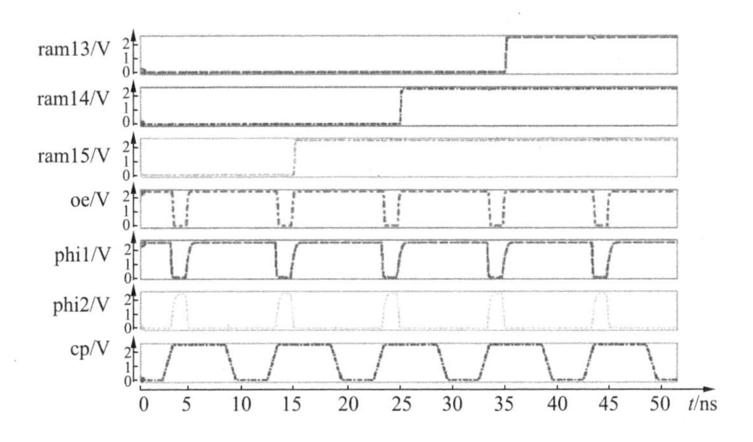

图 2.5　移位寄存器的仿真结果

图 2.6　LUT 版图

设计的 LUT 最坏情况下的主要参数及对比如表 2.1 所示，表中“—”表示无对应数据。读时间表示查找表配置成函数发生器时，从输入时钟上跳沿到输出 F_{OUT} 的延时；写时间配置成 RAM 时，从输入时钟上跳沿到输出 F_{OUT} 的延时；移位时间表示配置成移位寄存器时，从输入时钟到输出 F_{OUT} 的延时。与相同工艺水平的商用 Xilinx 的 Spartan 系列 FPGA 中的 LUT 相比，读延时相近，写延时和移位延时平均提高了 13%。本书提出的 LUT 具有较好的面积-延时性能，已成功用于 20 万门基于 SRAM 的岛状 FPGA 设计中，FPGA 内部工作频率为 200 MHz，设计的 LUT 能很好地配置成移位寄存器和 RAM，性能稳定。

表 2.1 LUT 性能比较

	读延时/ns	写延时/ns	移位延时/ns	总面积/μm^2
新型 LUT	0.68	2.32	3.20	2 250
Spartan 系列 LUT	0.7	2.6	3.88	—

采用 0.25 μm 单多晶五铝工艺设计实现了 FPGA 的 LUT 结构，并用于 20 万门、30 万门、60 万门及 100 万门的 FPGA 设计中。本结构详细设计存储单元及双相不交叠时钟等电路，在版图上也进行了优化。测试表明，设计的结构在完成 LUT 函数发生器功能的同时扩展了用 LUT 实现快速移位寄存器和 RAM 的功能，提高了 FPGA 逻辑块的性能和效率。

2.1.2 CLB 算术逻辑及快速进位链的设计

在 FPGA 的各种应用中需要进行信号的各种变换处理，且以二进制的加、减、乘、除来运算，其中减、乘、除均可归结为加法运算。FPGA 中的各种基本逻辑功能主要由 CLB 来配置实现，其加法运算速度、面积对 FPGA 构成的电路的处理速度、面积有着直接影响。进位链决定了运算的关键延时与性能，其设计是加法运算的关键。本书在分析超前进位与快速进位两种进位链的基础上，在晶体管级给出一种简单的实现方案[8]，并实际构成 4 位进位链，比较两种进位链的速度与面积性能，然后讨论 FPGA 中快速进位链的设计。

根据全加器的真值表（表 2.2），全加器的和表示为

$$S_i = P_i \oplus C_i$$

进位可表示为

$$C_{i+1} = A_iB_i + B_iC_i + A_iC_i = A_iB_i + C_i(A_i + B_i)$$

其等价形式为

$$C_{i+1} = A_iB_i + C_i(A_i \oplus B_i)$$

其中，称 $P_i = A_iB_i$ 为进位产生项，值为 1 时，进位输出由此项决定；$G_i = A_i \oplus B_i$ 为进位传播项（有些情况，如镜像结构中也将进位传播项

定义为 $P_i=A_i+B_i$)，值为 1 时，进位输出等于进位输入；同一时刻 P_i 与 G_i 只能有一项成立。此表达式是一个递归表达式，第 i 个加式的进位输出最终可以归结为只和相加数及最初的进位输入相关，如第 4 个加式的进位输出为

$$C_4=G_3+P_3G_2+P_3P_2G_1+P_3P_2P_1G_0+P_3P_2P_1P_0C_0$$

从而各级进位可以并行计算。与串行进位链中进位的逐级传递相比，利用超前进位速度有明显的提高，但以消耗较多的面积为代价。

表 2.2　全加器的真值表

A_i	B_i	C_i	C_{i+1}	S_i
0	0	0	0	0
0	0	1	0	1
0	1	0	0	1
0	1	1	1	0
1	0	0	0	1
1	0	1	1	0
1	1	0	1	0
1	1	1	1	1

一种速度较快、面积较小的超前进位电路实现方法是利用镜像电路。根据全加器真值表的镜像逻辑性质，即全加器的所有输入反相，则它的所有输出也反相。设计中也可将进位传播项定义为 $P_i=A_i+B_i$，其镜像形式为$\overline{A_i+B_i}=\overline{A_i}\cdot\overline{B_i}$，可由 P 管实现。本书给出了 4 位超前进位链的完整实现，它利用了超前进位加法器公式的自对偶性，采用镜像电路的构成方式，具有较小的面积。图 2.7(a)为进位产生辅助电路，形成进位产生信号 $G_1\sim G_4$；图 2.7(b)为进位传播辅助电路，形成进位传播信号 $P_1\sim P_4$；图 2.7(c)为超前进位主体电路，用于产生进位信号 C_4。其中 N 管 $N_{10}\sim N_{14}$与 P 管 $P_{10}\sim P_{14}$组成镜像组，分别实现进位 1 传播和进位 0 的传播；N 管 $N_{21}\sim N_{24}$与 P 管 $P_{21}\sim P_{24}$镜像组分别完成进位产生和进位清除。图中具有相同名字的线在物理上互相连接。

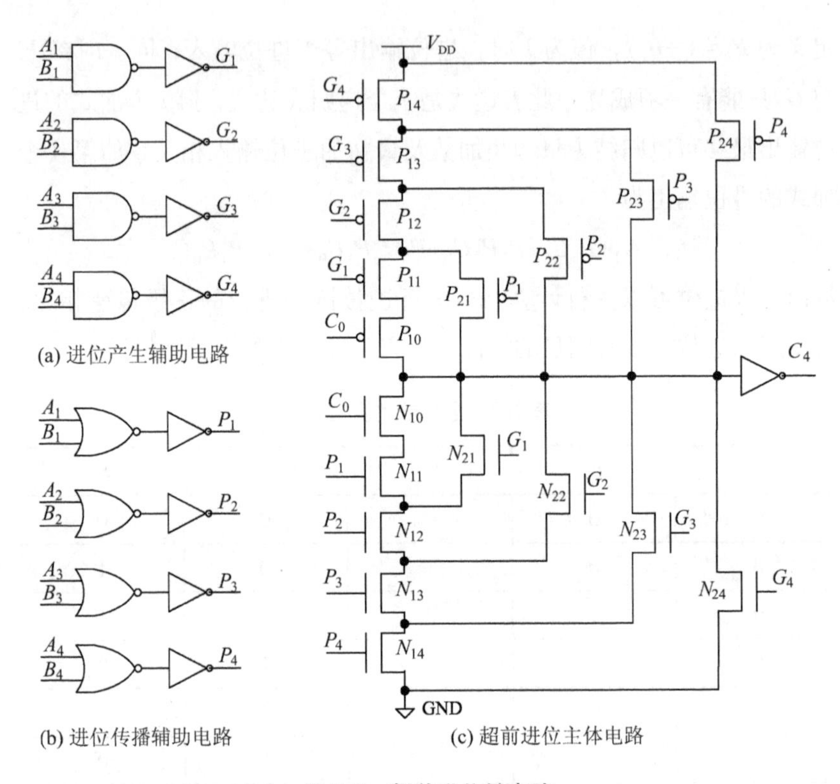

(a) 进位产生辅助电路

(b) 进位传播辅助电路

(c) 超前进位主体电路

图 2.7　超前进位链电路

通过观察全加器的真值表（表 2.2），可根据加数的值将真值表数据分为两组，一组是 $A_i=B_i$，此种情况下进位输出与 A_i 的值保持一致；另一组是 $A_i \neq B_i$，此时进位输出值与进位输入值相等，完成了从输入进位到输出进位的传播。加数的比较可以用异或门实现，根据异或门的输出再选择进位输出的值为 A_i 或进位输入 C_i，可用多路选择器完成。

图 2.8 给出了二位加法器的进位链，它以一个异或门与一个二路选择器为基本单元，将低位单元的进位输出与高位单元的进位输入相连接，组成一个串行连接的快速进位链。若串行多级单元，则可实现多位的进位链。进位的产生或传播有三种情况：① 经过一个异或门及一个二路选择器，此时两个加数最高位的值相等，进位输出与加数最高位的值相等，见图 2.8 中路径 a。② 经过一个异或门及多个二路选择器，此时进位从两个加数对应的相等位开始，经过相应的异或门及

多个二路选择器，直到最后输出，见图 2.8 中路径 b。③ 从最初的进位输入直到最后的进位输出，见图 2.8 中路径 c。整个进位链的最坏延时出现在两个相加数最低位相同，而其余位均不同，此时延时为经过最低位处的异或门和所有的二路选择器的时间。

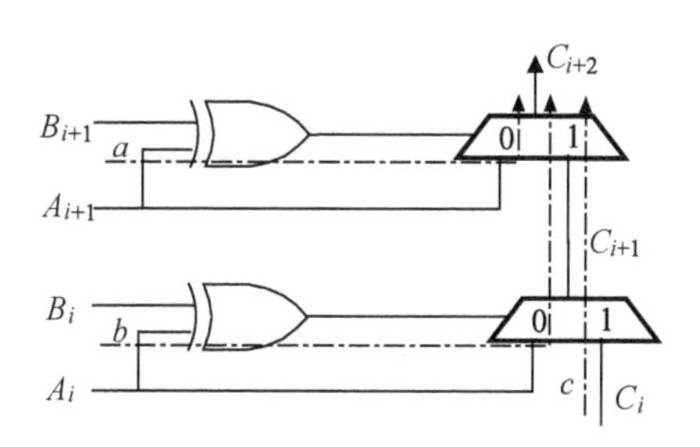

图 2.8　二位快速进位原理图

快速进位链由二路选择器与异或门组成的基本单元串接构成，基本单元对关键路径延时有着重要的影响，我们设计了较为简洁的电路（图 2.9）。如图 2.9(a)所示为快速进位基本单元的电路结构，其中反相器 I_1、I_2、I_3 与多路选择器 MUX_1 组成简洁的异或门，产生进位信号或形成进位传播信号；MUX_2 完成进位信号和进位传播信号的选择；I_4 用于驱动二路选择器；m_1 为输出的电平恢复管，用于补偿输出端的阈值电压损失；I_5、I_6 用于二路选择器输出的缓冲，加大驱动能力。如图 2.9(b)所示是用 NMOS 传输晶体管实现的二路选择器，仅由两个传输管组成，与传统的与或门实现方案相比较具有明显的面积与速度优势，但输出端电压会损失一个阈值电压，组成电路时输出端需要电平恢复。如图 2.9(c)所示是快速进位基本单元的符号表示，整个基本单元由 17 个晶体管组成，具有较小的面积。

基于上述设计的进位链，我们分别构成了 4 位超前进位链与快速进位链，并进行了相应的分析。

超前进位链的最长延时处于第 4 位进位的产生模块中，即图 2.9 中的最坏延时。在 $A_4 \sim A_1$ 为 1111，$B_4 \sim B_1$ 为 0000 的情况下，C_0 从 0 跳变到 1 时，进位须经 5 个堆叠管，具有最坏延时。基于 0.5 μm 单晶工艺的 SPICE 分析模型，仿真测得第 4 位进位输出延时为 1.314 ns，产生第 1 位进位，并测得延时为 0. 894 ns。

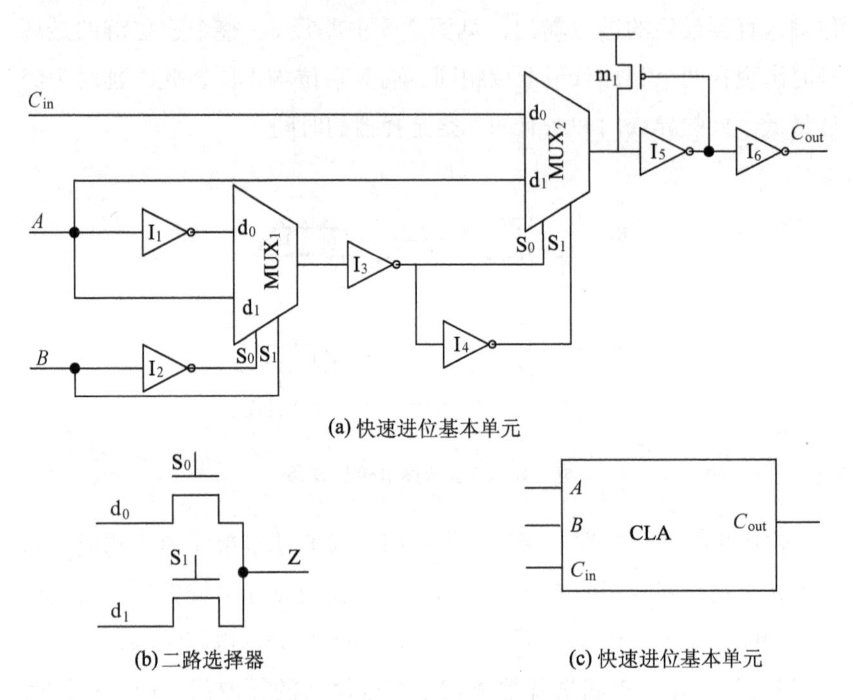

(a) 快速进位基本单元

(b) 二路选择器

(c) 快速进位基本单元

图 2.9　快速进位单元的电路实现

4 位超前进位链的组成如图 2. 10 所示。最坏延时是第 1 位产生进位，然后逐级传递直到输出。此时对应 $B_4 \sim B_1$ 为 1111，C_0 为 0，$A_4 \sim A_1$ 为从 0000 跳变到 0001，整个延时进位经过一级异或门及四级二路选择器，以及连接中的缓冲器。基于同样的 SPICE 模型，仿真得到第 4 位进位输出最坏延时为 1. 564 ns。同时测得的第 1 位进位延时为 0. 808 ns，经二路选择器及 I_5、I_6 反相器的延时为 0. 252 ns，二路选择器的延时为 0. 019 ns。经分析电路结构，多级串联延时的增加主要是由于 I_5、I_6 组成的缓冲延时，而由 MUX 引入的延时较小，从而可以通过多级合用缓冲，进一步提高速度。

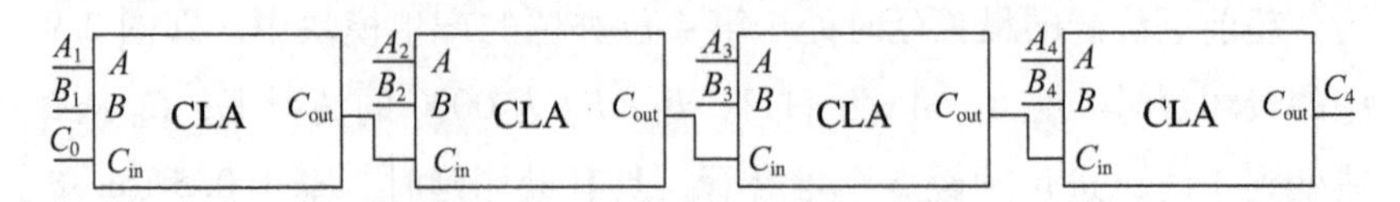

图 2. 10　4 位超前进位链的组成

根据上述仿真结果，产生第1位进位时，快速进位比超前进位速度更快，随着位数增加，快速进位与超前进位的速度相当。多位超前进位链的延时随晶体管堆叠而增加，快速进位链由于二路选择器、缓冲器串联而延时增加。对于超前进位链，当位数增加时，电路的复杂度增加较大，常采用层次化进位链，设计复杂。快速进位链形式上有着串联进位的简单连接，设计简单。多位连接时延时增加接近于超前进位，比较平缓，性能稳定。

超前进位链产生4个进位信号需要1~4位各自的进位产生电路，以及进位传播信号与进位产生信号的辅助电路，共需要(18+14+10+6)+48=96个管子。快速进位链需要17×4=68个管子，管子数减少近三分之一。在多位扩展的情况下，相比超前进位链，快速进位链扩展连接简单，无须再增加额外的控制电路，具有较好的面积性能。在FPGA设计中，快速进位链各级连接简单，占有较少的布线资源。同时各个基本单元一致，多级连接无须额外电路，这可以大大减小工艺映射及布线算法的复杂性。

超前进位链基本单元完全相同，单元使用反相器和二路选择器两种结构实现，版图构成比较规则，容易设计。

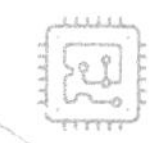

表2.3给出了两者的性能对比。从表中可以看出，快速进位链在牺牲20%速度的情况下，将面积缩小了近30%，并降低了电路与版图设计的复杂性。

表2.3　两种进位链的性能对比

进位链	最坏延时（4位进位）/ns	面积（管子数）/个	版图设计难度
超前进位链	1.314	96	复杂
快速进位链	1.564	68	简单

本书主要针对基于查找表结构的岛状（Island Style）FPGA中快速进位链的设计，整个FPGA由可配置逻辑块（CLB）、输入输出块（IOB）和布线资源组成。设计中，主要考虑3个方面：在CLB中如何产生进位，最终的进位如何输出，CLB间的进位如何传输与连接。

在 CLB 中产生进位电路时，可直接利用专利[9]中的灵活方案（图 2. 11）。此方案中，可根据 SRAM 的控制字 M 的设置将一个 CLB 配置成一位或二位的快速进位链，也可将此进位链配置成补码的加法即实现减法配置。进位可以输出到其他 CLB 中，完成进位的传播；同时也可输出到由 LUT 构成的函数发生器，以实现和的输出。

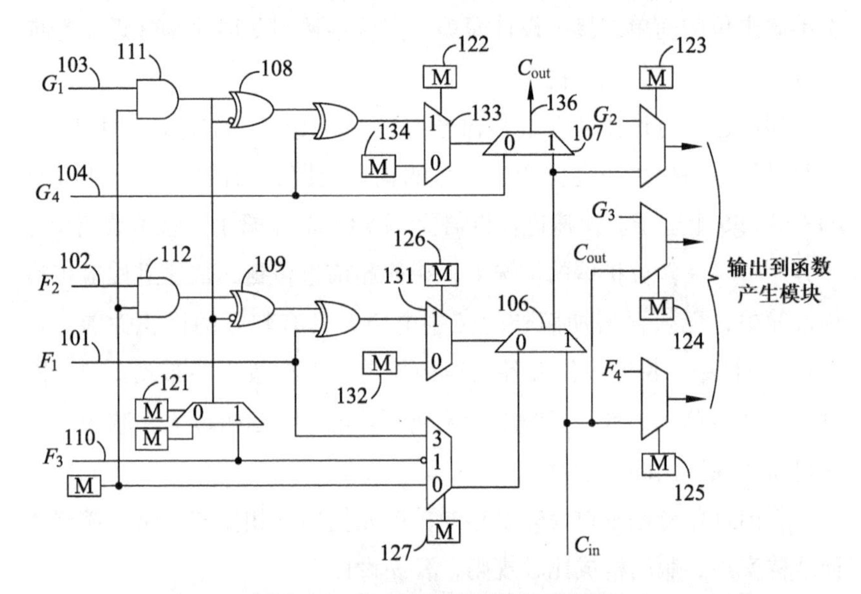

图 2. 11　CLB 中快速进位产生电路

CLB 中的进位按列进行传递，其中将 CLB 矩阵分成多个列，在同一列中进位可以向上或向下传播，在列的顶端或底端时，进位只向右传播，这样 CLB 可串接起来形成多位进位链，位数仅受 CLB 数目的限制。对于具体的块间进位信号的传送，除了利用有别于专利中使用的时钟线和全局线之外，还特别增加了专用的进位输出线，这使得 FPGA 中引入快速进位链而不增加布线的复杂度。

按上述方案构成的快速进位链的基本单元相同，构成宽位加法器时可以从任意一个 CLB 开始，这给 FPGA 的工艺映射带来了极大的灵活性。实际设计仿真中，利用 8 个 CLB 构成了 16 位的宽位加法器，并利用图 2. 9 的基本电路实现。经过 SPICE 模型分析，最终测得进位的最长延时为 7. 509 ns，具有较快的速度。

上面的讨论表明，快速进位链可由简单的反相器和二路选择器构成，电路简单，面积较小，速度与超前进位链相当，是实现 FPGA 进位链的一种较好的方案。经实际设计仿真，利用此快速进位链构成的 16 位加法器的速度能在 0.5 μm 工艺下最坏延迟为 7.509 ns，具有稳定的性能且速度较快。

§2.2 输入输出接口设计

2.2.1 I/O 接口简介

随着应用领域的扩大，FPGA 需要从大量不同的电路中接收信号，这些信号符合不同的标准，利用不同的电平表示逻辑 1 和 0；同时，FPGA 需要驱动不同电平摆幅的 1 和 0。这就要求 FPGA 与外界的接口具有灵活的可编程性能，在各种情况下支持尽可能多的电平标准，实现各种电压的兼容性，并且随着 FPGA 速度的提高，要控制电平输出的翻转率，满足信号的完整性要求。

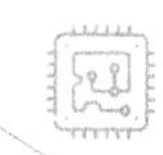

工业上，各大 FPGA 厂商对可编程技术进行了广泛的研究和持续不断的开发。以 Xilinx 公司开发的 FPGA 为例，XC4000 系列及 XC5000 系列 FPGA 提供了 5 V TTL、5 V CMOS 和 3.3 V CMOS 的电平标准，实现了 3.3 V 端口电压下 5 V 电平的兼容。Spartan Ⅱ系列及 Virtex 系列的 FPGA 提供了 3.3 V 端口电压下 LVTTL、SSTL3_Ⅰ、SSTL3_Ⅱ、CTT、AGP、GTL、GTL+、PCI 33 MHz、PCI 66 MHz、PCI 166 MHz，2.5 V 端口电压下 SSTL2_Ⅰ、SSTL2_Ⅱ、LVCMOS2、GTL、GTL+，以及 1.5 V 端口电压下 HSTL_Ⅰ、HSTL_Ⅲ、HSTL_Ⅳ、GTL、GTL+等电平标准的支持。Virtex2、Virtex4、Virtex5 系列增加了高速端口（RocketIO）的支持，在端口电平标准上增加了众多的低压高速差分电平标准的支持。总体趋势是接口速度越来越快，可编程性接口支持的标准越来越丰富。

针对输入输出接口设计中多电平标准兼容、宽输入输出电压范围、多驱动调节、翻转率控制及高速接口中信号反射等问题，提出一个易于扩展的可编程接口设计方案[10]。方案实现了一个用于 FPGA 的可编程输入输出接口，通过编程可实现多达 16 种接口电平标准，兼容最高 5.5 V 电压的 TTL 电平；并在 0.25 μm 工艺下，实现了内核电压 2.5 V，端口电压 2.5 V/3.3 V 的接口，能灵活地配置成 16 种电平标准，在 LVTTL 下能兼容 5 V TTL 电平。流片封装后的测试结果表明，该接口较好地实现了多种接口电平标准，速度和国外同类产品接近，静态电流优于国外的同类产品。

2.2.2 可编程 I/O 接口的原理与设计

目前可用的可编程方式有熔丝、反熔丝、Flash、EEROM 及 SRAM 等，而基于 SRAM 的可编程技术易于实现，具有灵活的可编程性质而被广泛采用。其基本原理是采用基本的六管 SRAM 单元作为存储单元，在配置时通过访问管写入配置数据，之后单元数据保持稳定，由存储的数据控制其他 MOS 管，实现 MOS 管的通断，从而实现具体电路功能的改变。利用可编程单元控制 I/O 接口中的数据流向，配置 I/O 接口的驱动，可使 I/O 接口适用于各种应用条件。

一般 I/O 模块由输入、输出、三态输出控制路径，以及输入缓冲、输出缓冲几部分组成，其可以通过编程配置为输入、输出、三态输出或者双向工作模式。图 2.12 给出了可配置的 4 种 I/O 模式的原理框图。通过对输入、输出、三态输出控制路径，以及输入缓冲、输出缓冲各种配置的组合，芯片端口可以实现极为丰富的特性，从而通过编程控制满足用户使用中可能出现的各种类型和功能端口的需求。图 2.12 中每个 IOB 的输入（I）、输出（O）、三态输出（T）路径上均含寄存器结构，3 个寄存器共用 1 个时钟输入和 1 个置位/复位输入，但 3 条路径具有完全独立的使能控制信号输入，且寄存器的配置是完全独立的。每条路径均可独立配置为直接输入/输出、寄存器输入/输出模式。3 个寄存器可独立地配置为电平敏感的锁存器或边沿敏感的 D 触发器，且可选择高电平/低电平敏感及时钟正沿/负沿触发。使能信号可被独立地配置为高有效或低有效；置位/复位信号可以被配置为高有效或低有效，且可独立地被配置为置位或复位。另外，在输入路径上可含有延时单元，被配置为直接输入或者延时后输入，用于适应用户“0 保持时间”特性的需要。

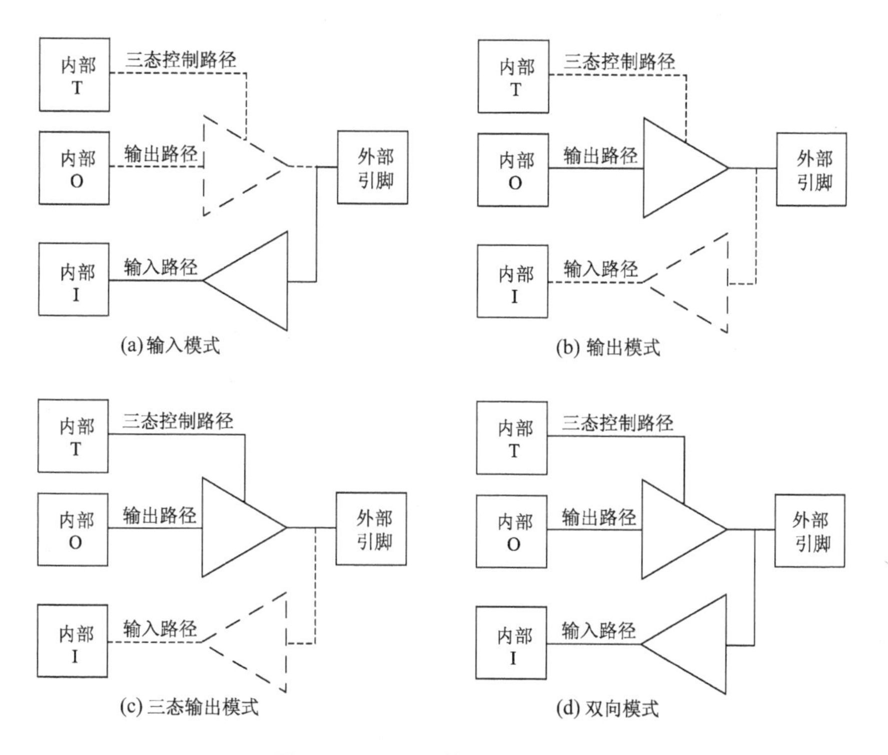

图 2.12　可配置的 4 种 I/O 模式

整个可编程 I/O 接口的设计重点与难点是输入和输出缓冲的设计。对于输出缓冲，需要通过采用不同配置，支持多种接口标准、多种输出驱动强度选择、速度快慢选择；对于输入缓冲，需要设计接口转换电路，兼容高压信号，将芯片外的低压或高压信号转换成内核电压。

输出缓冲设计时要考虑能够符合各种电平标准，设计合理的驱动强度和速度，并考虑高速环境中的信号完整性问题。

输出缓冲采用图 2.13 的结构，在端口配置为输出时，配置使能 EN_UP 和 EN_DN 信号，然后根据输出的信号值与电平标准打开上拉支路 UP_A、UP_B、UP_C、UP_D 和下拉支路 DN_A、DN_B、DN_C、DN_D、DN_E 的路数。

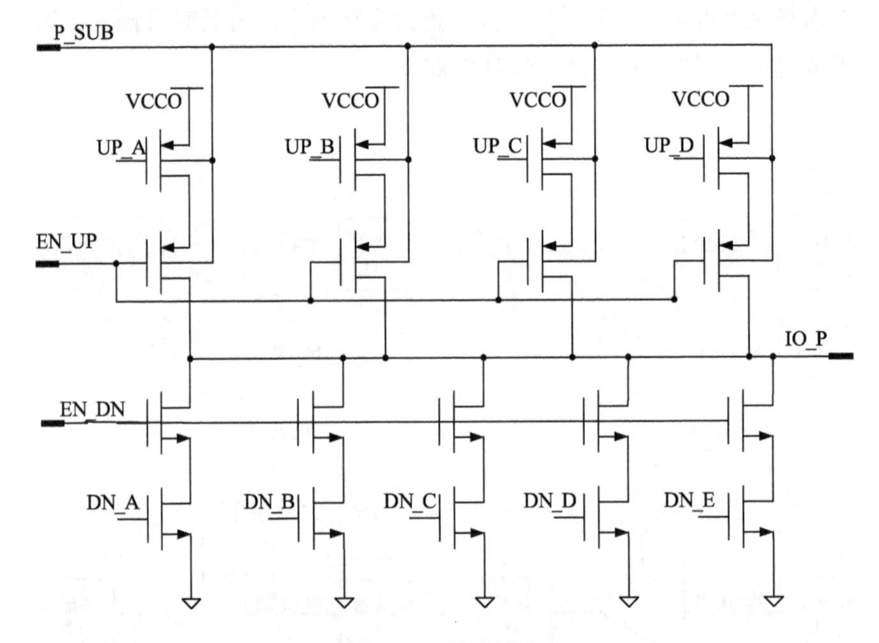

图 2.13　输出缓冲

实际设计中 UP_A、UP_B、UP_C、UP_D 4 路上拉 PMOS 管强度比例为 1∶2∶4∶8，取上排 PMOS 管的最小的宽长比为 70 μm/0.4 μm，其他 3 路的宽长比按比例增加。DN_A、DN_B、DN_C、DN_D、DN_E 5 路下拉 NMOS 管强度比例为 1∶2∶4∶8∶16，取最小的宽长比为 40 μm/4 μm，其余类推。上拉 PMOS 管与下拉 NMOS 管打开的不同组合构成了各种电平标准的不同强度的组合驱动。由于内核电压为 2.5 V，对于输出电压高于或低于 2.5 V 的输出电平可通过设定不同的 VCCO 电压满足要求。对于 LVTTL，设定 VCCO 电压为 3.3 V，在使能 EN_UP、EN_DN 端口后，采用表 2.4 的组合可实现各种 LVTTL 驱动强度的配置。

表 2.4 各种 LVTTL 驱动强度的配置

驱动强度/mA	下拉开启管	上拉开启管
2	DN_A	UP_A
4	DN_B	UP_B
6	DN_A+DN_B	UP_A+UP_B
8	DN_C	UP_C
12	DN_A+DN_D	UP_B+UP_C
16	DN_A+DN_B+DN_C	UP_A+UP_B+UP_C
24	DN_B+DN_E	UP_C+UP_D

利用同样的方法可实现开漏输出，完成各种输出强度的设计。实际设计中，我们实现了 3.3 V 端口电压下 LVTTL、SSTL3_Ⅰ、SSTL3_Ⅱ、CTT、AGP、GTL、GTL+、PCI 33 MHz、PCI 66 MHz、PCI 166 MHz，2.5 V 端口电压下 SSTL2_Ⅰ、SSTL2_Ⅱ、LVCMOS2、GTL、GTL+，以及 1.5 V 端口电压下 HSTL_Ⅰ、HSTL_Ⅲ、HSTL_Ⅳ、GTL、GTL+等 16 种输出电平标准。

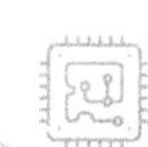

在实际应用中，芯片内部通过接口将信号输出到印刷电路板，当两者阻抗不匹配时，会发生信号反射。一般情况下，当驱动引脚发射信号到具有较低阻抗的信号路径时，会引起信号反射。若接口引脚兼作输出和输入引脚，则反射信号会被错误地作为一个输入信号输入到电路中。设计输出缓冲时，通过编程使得输出翻转率可以调节，这可以大大缓解高速电路的调试难度，增加芯片的适用性。

翻转率控制电路如图 2.14 所示。图中翻转率控制电路输出（如 UP_A）直接控制驱动管的栅极。由于驱动管较大，其栅极有着较大的密勒电容。通过调节栅极驱动强度来控制栅极密勒电容的充、放电时间，从而达到控制翻转率的目的。

针对图 2.13 输出缓冲中的 4 路上拉和 5 路下拉可分别设计翻转率

控制电路，实际设计中将每一路再分成两路控制，分别设置这两路控制的驱动强度；另外，上拉 4 路和下拉 5 路各自之间的驱动强度也相应错开设计。比如将 UP_A 分为 UP_A1 和 UP_A2 两路，设计为不同强度的驱动，同时控制 UP_A、UP_B、UP_C、UP_D 具有不同的驱动强度，可控制各路的打开时间，通过编程完成翻转率的控制。通过设计不同的翻转率，在大驱动时可逐级打开输出管的驱动，实现输出驱动的软启动，抑制因瞬间大电流而产生的地弹效应。

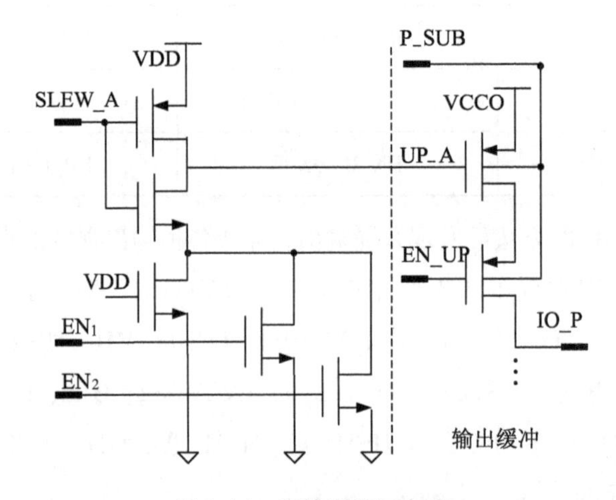

图 2.14　翻转率控制电路

输入缓冲主要分为 3 路（图 2.15），可支持 LVTTL、SSTL3_Ⅰ、SSTL3_Ⅱ、CTT、AGP、PCI 33 MHz、PCI 66 MHz、PCI 166 MHz、SSTL2_Ⅰ、SSTL2_Ⅱ、LVCMOS2、HSTL_Ⅰ、HSTL_Ⅲ、HSTL_Ⅳ、GTL、GTL+16 种电平标准。输入缓冲根据输入电平标准可编程使能（EN1、EN2、EN3）选择 3 个支路中的一路，实现各种电平标准的兼容。

其中，OP_N 用 NMOS 作为输入比较管，OP_P 用 PMOS 作为输入比较管。两个比较器的输入是外接基准电压 Vref 输入和数据信号 IO_P输入，两者的区别在于 OP_N 处理相对较高的输入电压，设计中用于处理 1 V 及以上的基准电压的电平标准，如 GTL+、SSTL 系列、CTT 及 AGP 标准；OP_P 处理低于 1 V 的基准电压的电平标准，如

GTL、HSTL 系列标准。两个比较器利用外接基准电压将外部输入电平标准转为内核 2.5 V CMOS 标准电平。

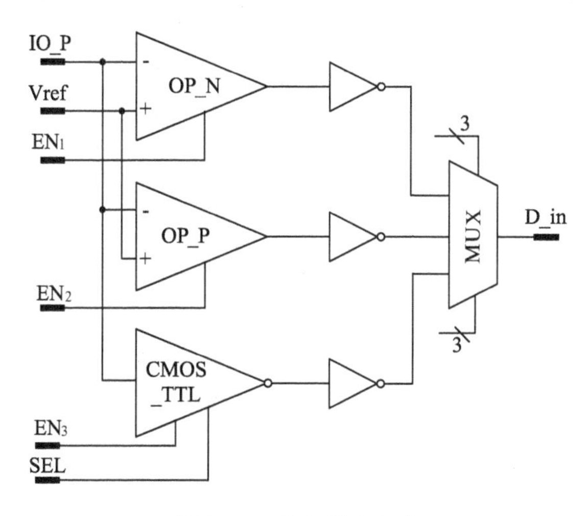

图 2.15　输入缓冲电路

CMOS_TTL 输入支路用于处理 LVCMOS2、LVTTL 和 PCI 标准的电平，而 PCI 电平与 LVTTL 电平相互兼容。图中 SEL 完成 LVTTL 与 LVCMOS2 电平的选择。LVCMOS 电平和 LVTTL 电平通用性强，是 IC 芯片的标准逻辑接口。LVTTL 的逻辑 0 在 0~0.8 V，逻辑 1 在 2.0~3.3 V；工作在 TTL 电平的 CMOS 反相器必须在 0.8 V 和 2.0 V 之间翻转，设计时将翻转点定在 1.4 V 以满足最大的噪声容限。LVCMOS2 的逻辑 0 在 0~0.7 V，逻辑 1 在 1.7~2.5 V。同样道理，可将翻转点设定在 1.2 V。

图 2.16 给出了一种详细的电路实现，EN 为高电平时电路工作，MOS 管 M_1 导通，M_2、M_{12} 断开。当 SEL 为高时，为 LVTTL 的工作模式，此时翻转性能由 M_7、M_8、M_9、M_{13} 构成的施密特触发器确定；当 SEL 为低时，为 LVCMOS2 的工作模式，此时由 M_7、M_8、M_9、M_{10}、M_{11}、M_{13} 构成的施密特触发器确定其翻转性能。M_{13} 用于电路的正反馈，以提高输出沿的陡峭度。

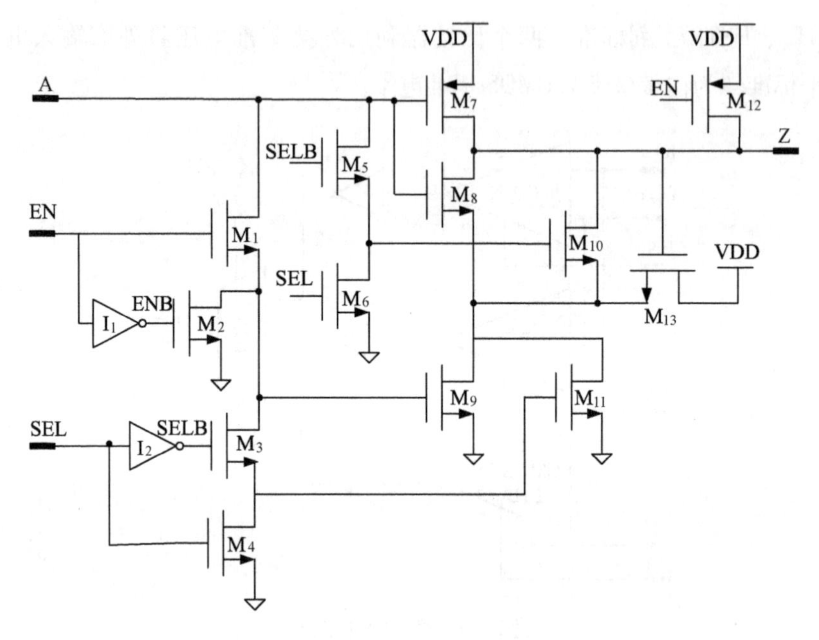

图 2.16　LVTTL 和 LVCMOS2 的输入接口电路

如果电路兼容 5 V 的 TTL 输入电平，接口电路在保证基本功能正常的同时，在电路设计中需要对耐压，以及防止电路中 PMOS 管源漏 PN 结漏电作特别设计，具体的电路如图 2.17 所示。设计中，采用 2.5 V CMOS 标准工艺，芯片内核工作电压是 2.5 V。接口电路在 LVTTL 时使用 3.3 V 的电源电压 VCCO，电路中除了反相器 I_1 采用 2.5 V 供电、普通管外，其余 MOS 管（包括输出缓冲）全部使用 3.3 V 的高压管，能耐 5 V 以上的栅源电压，防止 MOS 管在正常工作及高压输入时击穿失效。

对于标准的 CMOS 工艺，PMOS 管在 N 阱中，阱接触到最高电位。在普通情况下需要将阱接到电源电压以防止源漏和阱间的 PN 结正向导通漏电；当 5 V TTL 输入时，必须将阱连接到输出输入端口，保证阱接到最高电位。

图 2.17 中虚线左侧，M_1、M_2、M_3、M_4 用作电平移位器，将 2.5 V 的控制信号转化为 3.3 V 的控制信号。在输入情况下，EN 配置为高电平 2.5 V，M_5 被有效关断，保证输出的 Protect 信号由 VDD 通过

M_{11}、M_6、M_7、M_8、M_9、M_{10}分压产生一个中间电平，约为1.8 V。在输出情况下，EN配置为低电平0 V，输出Protect为3.3 V的高电平。

虚线右侧为输出缓冲及5 V高压时的阱偏置电路和高压保护电路。现分两种情况来分析：

① 在配置为正常输出时，输入输出选择端口IN_O为低电平，此时M_{17}打开。阱通过M_{17}及M_{14}、M_{12}、R_1连接到端口电源电位；Protect输出高电平3.3 V，关断PMOS管M_{21}，切断输出使能EN_UP与端口的通路。

② 当配置为5 V兼容的LVTTL端口时，IN_O为高电平，M_{17}关闭，而Protect电压为中间电压1.8 V。在正常0~3.3 V的信号输入时，阱可通过二极管连接的M_{14}、M_{12}及R_1连接到端口电源VCCO，完成正确的阱偏置；同时Protect连接的M_{21}关闭，关断输出使能EN_UP到输出IO_P的通路。当输入为5.5 V高电平时，输入端口通过二极管连接的M_{18}及M_{19}、M_{20}将阱接触到端口高压5.5 V，防止PMOS管的源漏PN结漏电。此时Protect连接的M_{21}打开，有效抬高EN_UP的电位，保证M_{23}关闭，防止输入高压和VCCO之间产生通路。

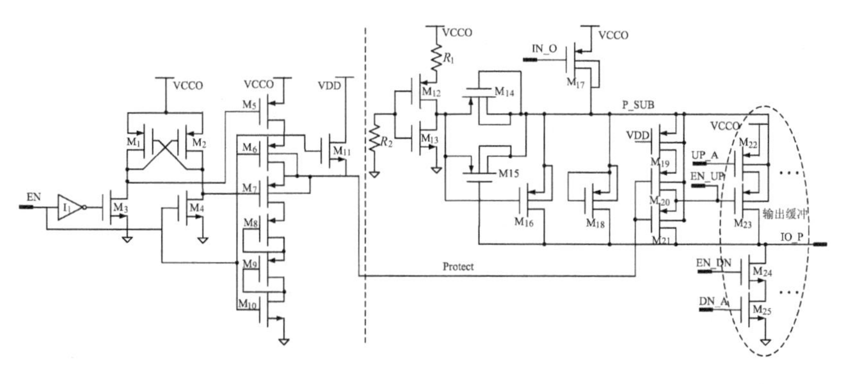

图2.17 输入5 V TTL兼容电路

如上分析，利用Protect在输入和输出时的不同电压，有效防止了高压输入时电流馈送流入电源及PMOS管的源漏PN结漏电，实现了5 V TTL电平的兼容。

上述设计的端口已用于自主开发的30万门FPGA芯片中。测试条件为内核电压2.5 V，端口电压VCCO为3.3 V，采用LVTTL电平标准，驱动强度为12 mA。利用端口实现一个缓冲器，输入信号为经过整形的20 MHz晶振输出，采用泰克DPO7254示波器测量数据。输入到输出的延迟为5 ns，而同等规模的国外商业产品Xilinx公司的XQVR300的延时为4 ns，在速度上接口接近于国外产品。

静态电流方面，测得VCCO的静态电流为1 mA，优于XQVR300的最大4 mA电流。

接口速度越来越快，支持的标准越来越丰富是I/O接口的发展趋势。可编程技术为I/O接口设计提供了极大的灵活性。本书从分析I/O接口的4个模式开始，解析了可编程设计中的难点。通过详细设计输入输出缓冲，实现了兼容性强的可编程接口，给出了一个扩展性强的可编程接口的实现方案。随着FPGA在高速信号处理中的应用日益广泛，其接口设计本身就是个巨大的挑战。

§2.3 布线结构设计和层构扩展技术

2.3.1 布线结构概述

FPGA的互联结构由可编程开关实现，用于完成不同的连接。逻辑模块间的互联方式在很大程度上影响FPGA的性能。根据逻辑和互联资源的排列方式不同，我们将FPGA分为5种类型：岛状、行排、门海、层次化、一维结构。

岛状FPGA包括一个可编程逻辑模块阵列，以及垂直和水平的布线通道，布线通道中的线段数决定了可用的布线资源，线段间通过开关盒相连接，而逻辑块的引脚通过连接盒与布线通道相连。此结构（图2.18）多见于Xilinx公司的FPGA中。

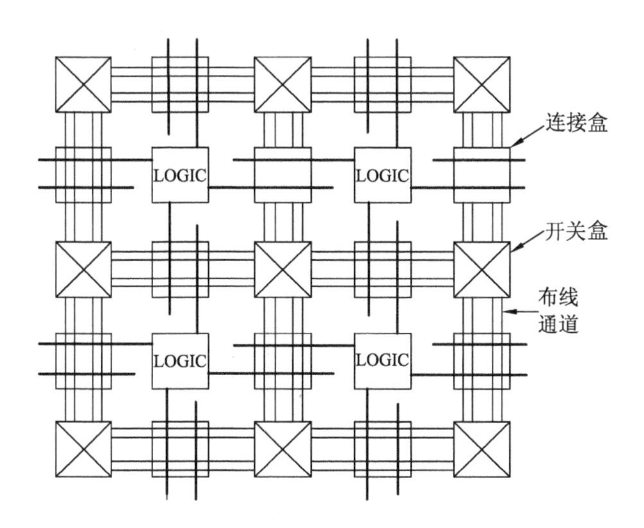

图 2.18　岛状 FPGA 结构

行排型 FPGA 中逻辑块按行的形式排列，两行之间是水平布线通道。布线通道中的各个布线轨道被分为不同长度的布线线段，布线线段间可用可编程开关连接，增加线段的连接长度。在垂直方向上，垂直布线轨道通过逻辑块并和水平布线通道相连接。Actel 公司的 ACT-3 系列 FPGA 中就采用行排型结构（图 2.19）。

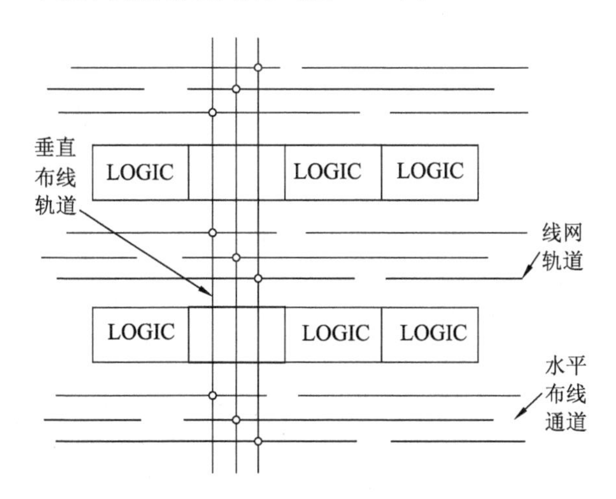

图 2.19　行排型 FPGA 结构

门海型 FPGA 的连接采用专用的邻到邻的连接，这种连接比利用通用布线资源完成的邻到邻的连接要快。通常，在门海型这类结构中也用通用布线资源完成较长的连接。该结构用于 Actel SX 系列 FPGA 中（图 2.20）。

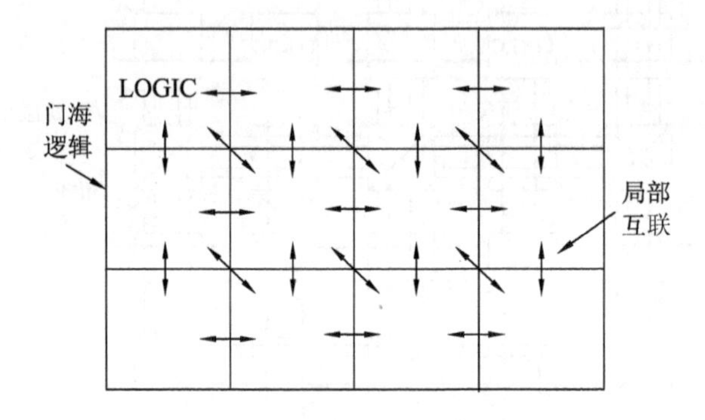

图 2.20　门海型 FPGA 结构

多数逻辑设计体现了连接的局部性，这使得在实际的布局布线中逻辑块的连接具有层次性。层次化结构的 FPGA 便利用了逻辑设计的这种局部性，可提供更小的布线延迟及可预计的时序行为。在层次化 FPGA 结构中，将逻辑块组织成逻辑簇，逻辑簇再形成层次化结构。层次化结构有效地减少了长线连接中的开关数目，提高了整体速度。如图 2.21 所示是基于 H-树结构的一种层次化实现方案。

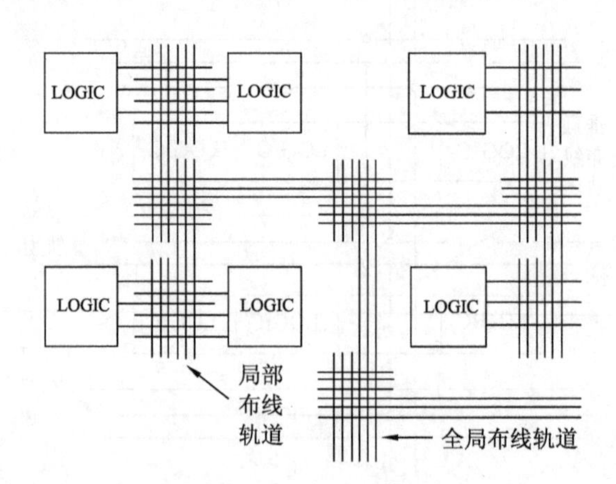

图 2.21　层次化 FPGA 结构

FPGA 的二维布线结构有极大的灵活性，电路信号几乎可布在任意的路径上，但占用了大量的面积，而且随着布局布线可能路径的增多，布局布线的复杂度也呈几何级增长，这增加了相应布局布线软件开发的难度。解决此问题的一种方法是采用一维结构的 FPGA（图 2.22）。

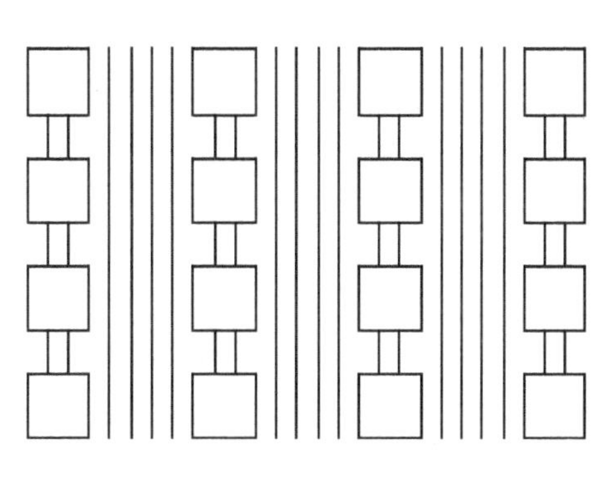

图 2.22　一维 FPGA 结构

在一维结构中，布局被严格局限于一个维度，从而大大简化了布局的复杂度；另外，由于布局沿着单一的维度，布线的复杂度也大大降低。由于大大简化了布线结构，一维结构的 FPGA 有时不能够布通。

目前，FPGA 的布线通常采用上述互联方案中的多种组合形式。我们在设计中以岛状 FPGA 结构为基础，同时增加了一些邻到邻的快速通道及一些全局信号线段。

2.3.2　布线结构设计

可配置逻辑块是实现 FPGA 逻辑的主体结构，各个 CLB 之间通过由 SRAM 控制的可编程连接开关完成连线拼接。在深亚微米情况下，连线延迟已成为 FPGA 中的主要延时。随着 FPGA 规模的扩大与复杂性的提高，布线结构成了决定 FPGA 性能的关键因素。伴随 FPGA 复杂性的提高，一个 FPGA 包含了多种线网，在我们的设计中提供了相邻 CLB 间的直连线；为传输跨过多个 CLB 的信号，还设计了横跨 FPGA 的长连线；在设计布线结构时，采用层次化结构，分级设计不同长度类型的布线段。布线资源分为局部布线资源、通用布线资源、专用布线资源和 I/O 布线资源等。

（1）局部布线资源

局部布线资源提供了 3 种类型的连接：

① 完成 CLB 之间的 LUT、触发器及通用开关间的互联。

② 用于同一 CLB 内部 LUT 间连接的高速反馈路径。

③ 用于水平 CLB 之间的直接互联。

（2）通用布线资源

FPGA 中的大部分信号由通用布线完成，互联资源的主体都与这个级别的布线有关。通用布线资源分布在水平和垂直的布线通道中，这些布线通道对应于 CLB 阵列水平和垂直的空隙。

① 通用布线矩阵与每个 CLB 相邻，水平和垂直的布线资源通过布线矩阵相连接，同时 CLB 通过它和通用布线资源相连接。

② 96 根单长线将通用布线矩阵信号由 4 个方向连接到相邻的通用布线矩阵上，其中每个方向分布 24 条单长线。

③ 144 个六长线布线通道将通用布线矩阵信号连接到相隔 6 个 CLB 距离的 CLB 上。以分级方式相连接，六长线只在两个端点被驱动；而六长线信号可以在两个端点或者中间驱动其他线网。其中三分之一的六长线为双向线，其余的为单向线。

④ 水平和垂直方向各 12 根长线用于将信号快速有效地分配到器件各处。垂直长线跨过整个器件的高度，水平长线横跨整个器件的宽度。

（3）专用布线资源

有一些类型的信号需要专门的布线资源以使性能最优。在设计的 FPGA 中，为两类信号提供了专用的布线资源。

① 为片上三态总线提供了专门的水平布线资源，每个 CLB 行有 4 条双向可分割的三态线，这使得在一行中有多个总线并存。

② 为每个 CLB 的进位信号提供了 2 条专用的垂直方向的进位链。

（4）I/O 布线资源

FPGA 在芯片周围有着额外的布线资源，形成了 CLB 阵列与 IOB 间的接口。这些额外的布线资源被称为 VersaRing，可用于实现芯片的引脚交换和引脚锁定。FPGA 应用设计人员可利用此特性在不改变印刷电路板（PCB）布局的情况下完成电路功能的重设计。在电路系统设计开始阶段就可确定 PCB 板，这大大缩短了系统的开发时间。

2.3.3 层构设计

FPGA 芯片的规模较大，但具有很强的规律性。通过合理安排各种长度线段的排列，我们设计了可重复利用的层构单元。此设计将 CLB 及相对应的可编程开关定义为一个层构，由于 FPGA 具有规律性，整个 FPGA 的层构可设计得相对一致（图 2.23）。

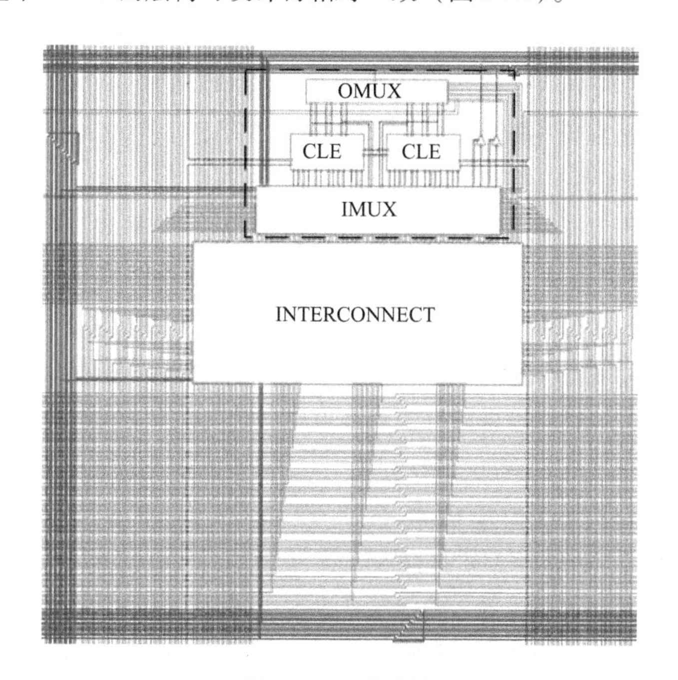

图 2.23　层构结构

层构由可配置逻辑块 CLB 和布线资源 INTERCONNECT 部分组成。其中虚线框表示 CLB 部分，包括完成逻辑功能的可配置逻辑单元 CLE、输出连接矩阵 OMUX、输入连接矩阵 IMUX。

（1）层构中的连线段

在垂直方向，从内到外分别为 2 条进位链，6 条为一组，左右各 6 组共 12 组的六长线，其从第一个 CLB 开始，横跨 6 个 CLB，结束于第 7 个 CLB。在第 4 个 CLB 中有抽头连接到对应的 CLB 的开关矩阵，可通过此变换方向连接到其他的六长线或单线线段。而且六长线信号在经过的每个 CLB 都有抽头连接到 CLB 的 IMUX 连接矩阵，用于给 CLE 提供专门触发器时钟（CLK）、使能（CE）、复位（SR）信号。在每组六长线中，从下往上看，六长线每经过一个 CLB 便向右平移一个位置，最右边的线段平移后跳转连接到组内的最左边，保证了六长线与 CLB 的连接方式对于所有的 CLB 是一致的。最左边的是 12 条垂直长线，从垂直方向横跨整个 FPGA。在从左到右的第 7 条和第 12 条线网处，长线有抽头连接到相应的 IMUX 及 INTERCONNECT 中，完成长线信号的输入和输出。同样为了保持 FPGA 中每个层构的一致性，12 条垂直长线每经过一个 CLB 便向右平移一个位置，最右边的线网经平移后跳转到最左边。

在水平方向，从上往下依次是一组全局时钟信号线，4 条线组成一组，用于传送 4 个外部输入的全局时钟信号；时钟线下面是三态缓冲总线，三态缓冲总线在水平方向横跨 FPGA，总线宽度为 4 条线，其被双向可编程连接点分割。这些可编程连接点用于三态总线在每经过 4 个 CLB 时连接或者断开，总线最长可横跨整个 FPGA 的宽度。三态缓冲总线每经过一个 CLB 便有一条线连接到相应的 CLB 中。在 INTERCONNECT 下面是 12 组（6 条为一组）六长线及一组 12 条水平长线，其功能和连接方式与垂直方向的六长线及长线相一致。

（2）层构线网命名与高级语言表述

设计时，我们根据方位顺序给各种线段分别命名，具体的命名可参见图 2.24、图 2.25。在命名时，名称与 Xilinx 描述原语（XDL）的命名一致。利用这唯一的命名方式，设计时可以仅用这些线网名及少数几个表示连接关系的符号完全表达 FPGA 内部电路的连接关系。

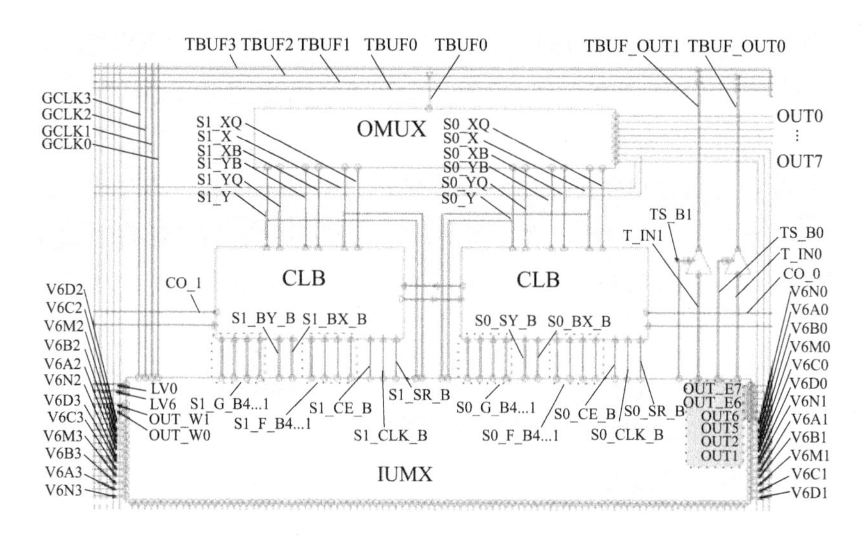

图 2.24　CLB 中线网命名

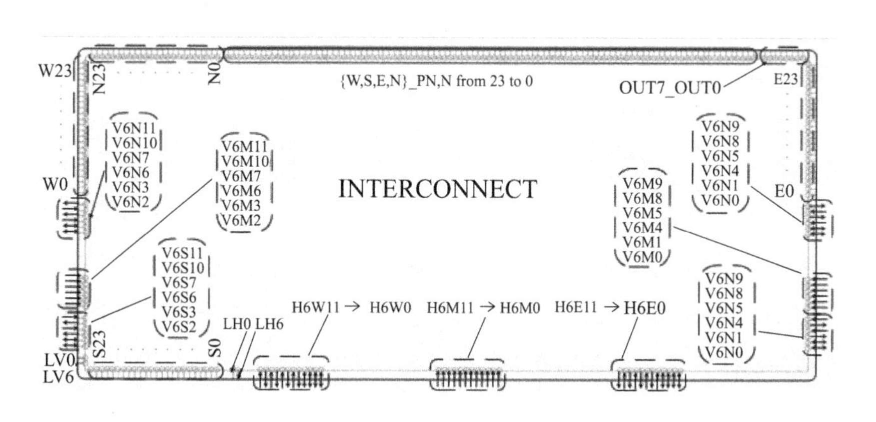

图 2.25　连接矩阵线网命名

2.3.4　层构中的开关设计

（1）开关矩阵与连接矩阵的具体连接关系

在开关矩阵的连接中，主要有六长线之间、水平和垂直长线到六长线，以及同一层构中 OMUX 输出到六长线的漏极共享缓冲开关连接；六长线到单长线的 NMOS 管开关连接；输出到单长线的多路选择开关连接；单长线与单长线之间的 NMOS 管开关连接。

输入连接矩阵（IMUX）接收来自开关矩阵（INTERCONNECT）并经过缓冲的 96 条单长线信号，以及 24 条由垂直布线通道输入的六长线信号，2 条垂直长线的输入信号，来自 4 条全局时钟线的信号；并接收来自相邻层构的 OMUX 输出信号及可编程逻辑单元 CLE 的快速反馈信号。IMUX 将接收的信号输出到相应的可编程逻辑单元的输入，并将部分 OMUX 信号和缓冲后的单长线信号输出到垂直长线上。

输出连接矩阵接收来自可编程逻辑单元 CLE 的 12 个输出信号及来自三态缓冲总线的信号，然后将这些信号通过多路选择后缓冲输出到 8 个对应的输出通道中。

（2）开关连接原理及具体实现

① 开关控制与电平恢复。

配置字 SRAM 采用六管单元（图 2.26），其中 WL 为字选择线，BL_1 和 BL_2 是互补位线输入端，D_1 和 D_2 是互补信号输出端。由于设计中往 SRAM 写配置字和读配置信息的端口不同，配置单元的设计与常规的 SRAM 的设计不同，配置单元只需要考虑配置位的写入，故只需要考虑访问管与下拉 NMOS 管之间的比例。为缩小面积，我们将各个 MOS 管均采用 0.6 μm/0.24 μm 的宽长比。基于 SRAM 的可靠性，配置 SRAM 采用单独的 SRAMVDD 供电，其电压值与内核电压相同（具体见第 4 章）。SRAM 的输出 D_1 或 D_2 直接控制 NMOS 管开关的栅极，组成常见的 NMOS 传输管方式。NMOS 管传输高电平时存在阈值电压的损失，这将导致其驱动的 CMOS 逻辑电路不能翻转或者不能完全关闭，产生较大的漏电流。为此在 NMOS 开关后级增加了一个反馈 PMOS 管，用于输出为高电平时的电平恢复。

相比图 2.27，图 2.28 只是增加了相应的使能控制信号，用于三态输出的场合。

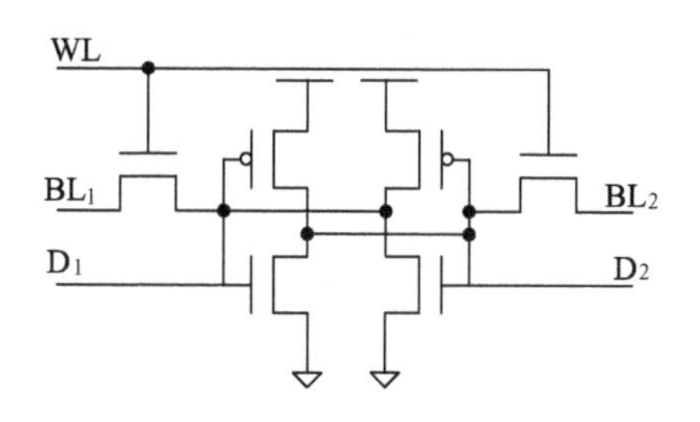

图 2.26　六管 SRAM 结构

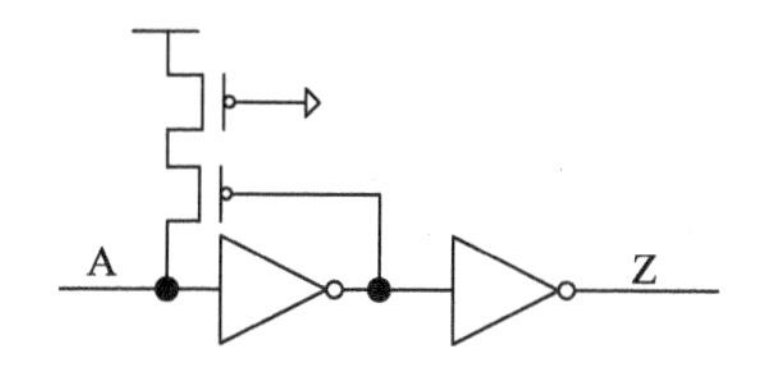

图 2.27　电平恢复缓冲电路

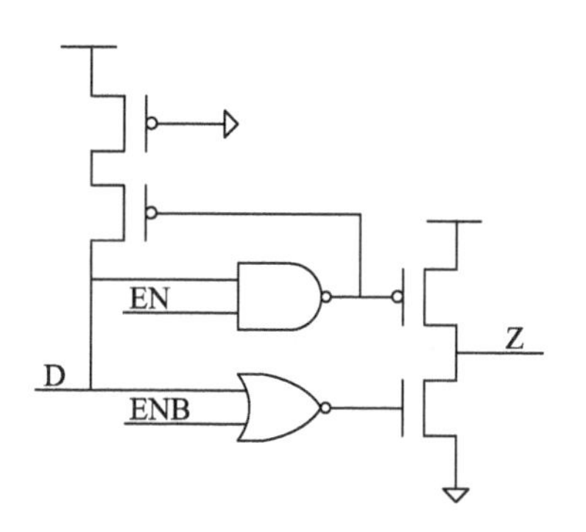

图 2.28　带使能的电平恢复缓冲电路

② 开关的组成形式。

在开关设计中，有不带缓冲的开关和带缓冲的开关两种形式。不带缓冲的开关主要用于单长线段之间的连接，用一个 NMOS 管完成两个线段之间的连接。对于 4 个方向的单长线段，其连接方式有 6 种，具体设计如图 2.29 所示。

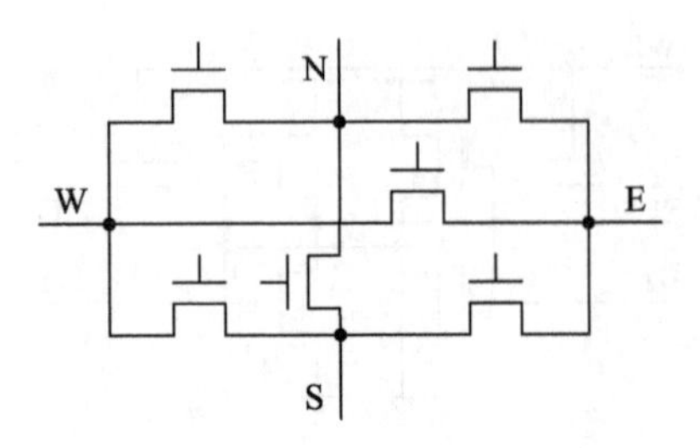

图 2.29　单长线全连接开关

六长线、长线之间的连接使用带缓冲的开关形式。设计中，采用多条线网复用一个缓冲，一个多路选择实现多对一的选择连接，这有效减少了配置单元的数量，并在版图结构上易于提供电路漏端的共享复用，有效地减小了版图面积。具体的开关设计如图 2.30 所示。

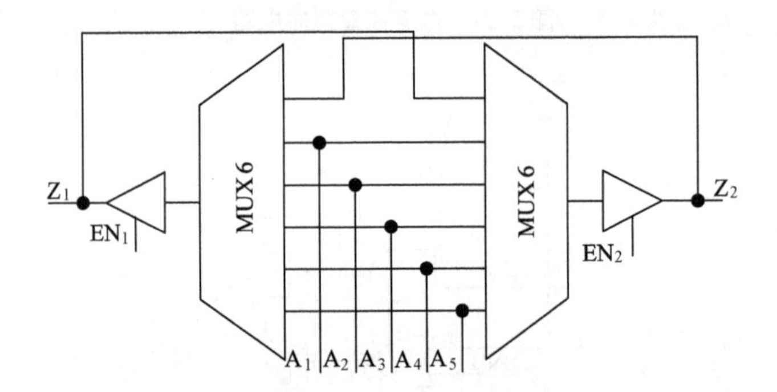

图 2.30　共享漏端多路选择缓冲开关

2.3.5　层构的拼接与互联

本书使用的可扩展性 FPGA 体系结构如图 2.31 所示。每个边上 IOB 口的数量和 CLB 的数量存在正比关系。其中，*X* 方向上，每个 CLB 对应 3 个 IOB；*Y* 方向上，每个 CLB 对应 2 个 IOB。最小的一组重复单元如图中框所示，是由横向和纵向的基本单元为 4×4 个通用模块组成的。CLB 模块对应的 IOB 规律为：在横向上，每个 CLB 对应 2 个 IOB 端口；在纵向上，每个 CLB 对应 3 个 IOB 端口。在纵向上，每 4 个 CLB 对应一个 RAM 模块。同时，4 个角落里还有配置电路及一些时钟延时锁相环电路。

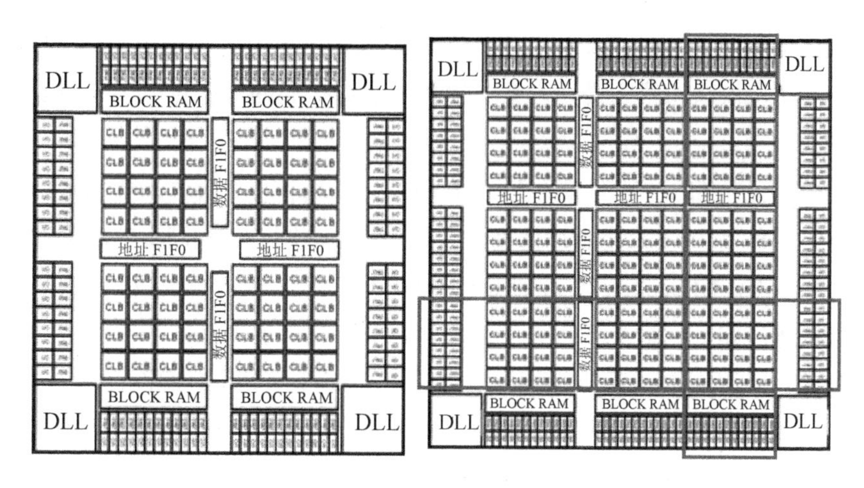

图 2.31　FPGA 芯片体系结构示意图

整体骨架由两个数据链支撑，其中横向的是帧地址选择链，纵向的则是数据传递链。在这两个链的联合工作下，把配置数据送到每个相应地址的 SRAM 中去。

当芯片进行扩展时，首先确认 *X* 方向和 *Y* 方向需要增加的 4×4 个 CLB 的矩形模块的数量，然后将相应的数据链和地址链延长，添加对应的 RAM 和 IOB 模块。

在电路设计中，同样可实现层构的重复扩展，形成各种容量的 FPGA 阵列。经重点考虑中间两个数据链的扩展、全局时钟信号的缓冲插入及一些全局模拟电路的驱动能力增加，我们利用相同的层构扩展设计了 32×48、48×72、64×96 三款 FPGA。

§ 2.4　本章小结

本章从体系结构及各个具体模块电路设计入手，研究了大容量、高性能 FPGA 的设计方法。

针对岛状 FPGA 的架构，本章提出了大容量 FPGA 的阵列式扩展设计方法。利用此扩展方式，成功设计了 32×48、48×72、64×96 等不同层构阵列大小的三款 FPGA。针对大容量 FPGA 中布线延迟问题，给出了层次化布线的设计方案，优化了层构扩展的大容量 FPGA 布线性能。

为优化 FPGA 的性能，设计了 FPGA 的各个电路模块，特别是提出了一种 CLB 中高性能查找表的设计。测试表明，与相同工艺水平的商用 Xilinx 的 Spartan 系列 FPGA 中的 LUT 相比，本章设计的查找表在读延时相近的情况下，写和移位延时平均提高了 13%。同时为进一步优化 CLB 的算术运算性能，本章改进了 CLB 中进位链的设计。

针对目前输入输出接口中的多电平及高电压兼容问题，本章提出了一个实用的可编程端口的解决方案，实现了端口上 3.3 V 和 5 V 的电压兼容，同时提供了 16 种灵活的可编程电平标准设计。

第3章 FPGA的配置电路设计

在物理结构上，FPGA 的逻辑实现单元和逻辑配置单元设计在一个物理基底上，配置单元控制着具体的逻辑电路的连接与实现。FPGA 配置就是将一个包括电路信息的位流文件加载到对应的配置单元中，控制 CLB、IOB 及可编程连接点的连接关系，实现预定的功能。在研究配置结构时，我们通常将 FPGA 在功能上分为两个平面，一个是逻辑平面，包括组成逻辑的基本器件单元；另一个是配置平面，用于控制逻辑连接。配置平面包含控制逻辑的配置单元及相应的配置电路。每个配置单元有相应的字线和位线，其类似于 SRAM 中的字线和位线。在具体的配置过程中，配置平面阵列按列分为帧，配置时以帧为单位进行配置。这样，配置电路就有如下功能：一是将配置端口串行或并行的输入信号进行串并转换，错误检验后，填满一帧长度的寄存器；二是由配置控制电路完成相应的地址译码，将帧寄存器的内容选择配置到相应的配置存储单元中。

本章针对小规模和较大规模的 FPGA，提出了两种不同的配置电路的设计。

§ 3.1 基于 JTAG 的 FPGA 配置电路

FPGA 有着多种配置方式，其中利用 JTAG 是基本的配置方式，已有的商用 FPGA 都采用这种方式。FPGA 厂商如 Xilinx、Altera 已设计了各自的配置电路，即利用复杂的状态机来控制整个配置的过程。本节提出一种新的基于 JTAG 的配置结构，完成了一个简洁配置电路的设计与实现[11]。

3.1.1 基于 JTAG 的配置过程

设计的 FPGA JTAG 电路兼容 IEEE 标准 1149.1。按规范要求，JTAG 电路是一个同步有限状态机。其测试访问接口（TAP）控制器的状态跳转如图 3.1 所示[12]。这个状态机的总体结构由 3 个有限状态环组成，其主状态为顶部的主状态环，用于确定 TAP 处于复位（Reset）、空闲（Idle）、数据操作和命令操作状态。两个子环分别用于确定数据操作与命令操作正处于哪个步骤。通过实现测试访问控制器（TAP），带边界扫描功能 FPGA 能够驱动或观察 I/O 引脚的电平，以及从引脚输入数据。TAP 控制器包括 4 个专用引脚：测试模式选择（TMS）、测试时钟（TCK）、测试数据输入（TDI）及测试数据输出（TDO）。其中 TMS 是状态机的激励端口，状态机跳转只与 TMS 的输入有关。图 3.1 中状态变换过程边上的数值就表示 TCK 上升沿时 TMS 引脚的值。在任何情况下，TMS 连续 5 个时钟周期保持 1，就会使 TAP 控制器复位。TCK 是同步时钟端口，数据在 TCK 上升沿有效。TDI 是数据输入端口，所有指令寄存器（IR）与数据寄存器（DR）的数据均由此端口输入。TDO 为数据输出端口，所有数据均由此端口输出，数据在 TCK 下降沿有效。

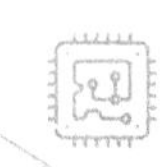

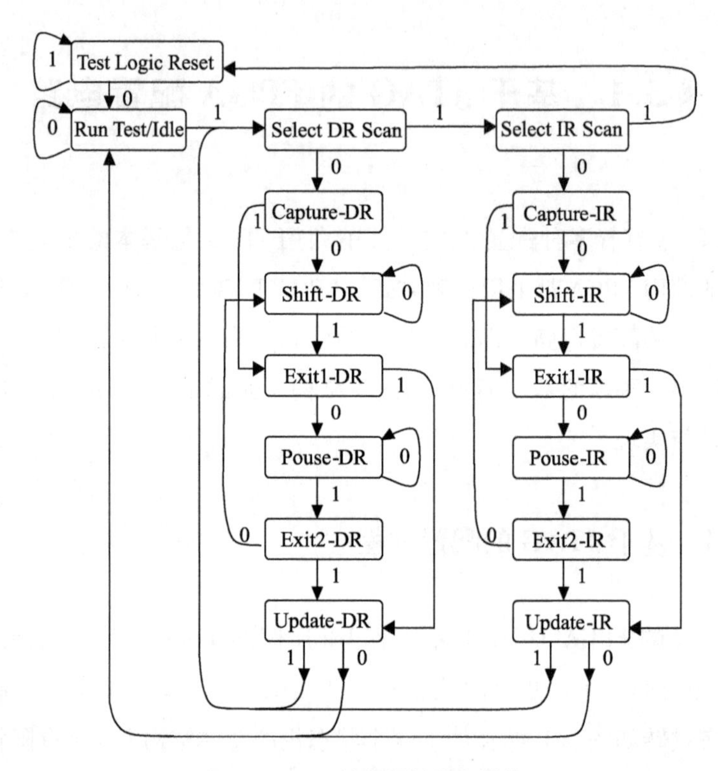

图 3.1　TAP 控制器的状态转换

配置时，首先，TMS 连续输入 5 个或 5 个以上的“1”，对 TAP 进行软复位。其次，TAP 在主状态循环中选择命令操作，状态机转入命令操作状态，对命令寄存器进行操作。此时从 TDI 端口输入配置命令字到指令寄存器（IR）中，完成命令的写入。最后，TAP 返回主循环的空闲状态，根据 TMS 信号进入数据操作循环，此时 TAP 将根据指令寄存器中的命令字来处理数据。完成数据处理后 TAP 控制器将返回空闲状态结束配置命令的执行，等待下一个指令操作。

图 3.2 是基于 JTAG 的整个配置流程结构，其中设计了 16 个状态的 TAP 控制器及相应的配置控制链路。当命令字装入指令寄存器中时，指令译码模块对指令译码，控制相应的数据寄存器及选择相应的数据链。对于 FPGA 配置，我们设计了特定的 CONFIGURE 命令。首先，当 FPGA 上电时，命令通过 JTAG 移入指令寄存器。其次，TAP

控制器进入更新指令（Update-IR）状态，将 CONFIGURE 更新为当前状态。最后，TAP 控制器进入数据移位操作状态（Shift-DR），此时位流文件就由 TDI 引脚输入，经过数据链路由位流处理模块进行处理，完成配置。

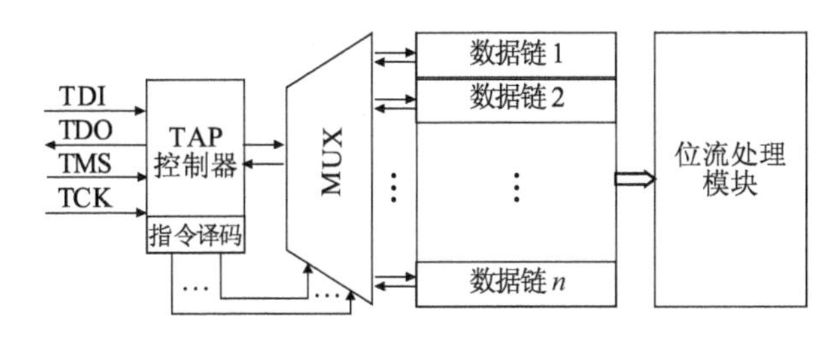

图 3.2　基于 JTAG 的整个配置流程结构

3.1.2　配置控制结构

FPGA 的配置单元在物理上分布在芯片中，在逻辑上它们构成了对称的 SRAM 阵列。图 3.3 给出了所设计的配置结构，其中包含配置的控制逻辑和配置单元的阵列。在实际的 FPGA 中，配置单元多达 100 000 个，这里为了清晰表达给出了 4 bit×4 bit 的阵列示意。

当配置数据加载时，配置位流将在 JTAG 的 TCK 时钟的控制下，通过对应的数据链路移入数据移位寄存器（DSR）。当数据满一帧（在图 3.3 中为 4 个位长，从 DS_0 到 DS_3）时，配置控制器产生控制信号将一列存储单元选通，然后这帧数据就被并行移入相应的列存储单元，完成一帧的写入。列存储单元通过相应地址移位寄存器中（AS_0 ~ AS_3）的电平值来选通，AS_0 ~ AS_3 中同时只能有一个处于高电平，当第一帧数据到达时，AS_0 出现代表高电平的 1 信号，选通第一列，然后随着下一帧数据的到达，这个高电平信号就移入 AS_1，完成第二帧数据的读写。以此类推，直到整个 FPGA 配置单元阵列配置完成。

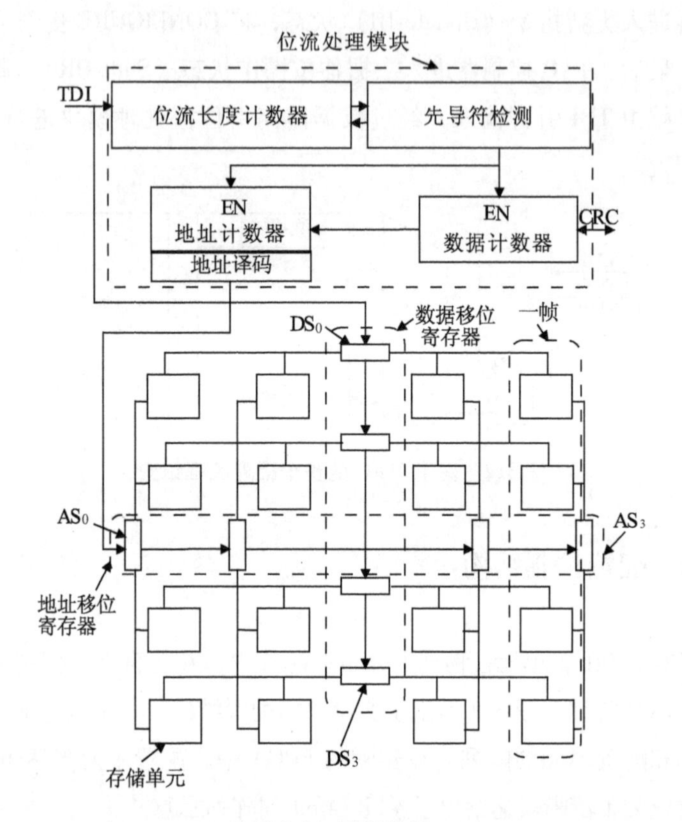

图 3.3　配置结构

数据移位寄存器中数据的移位及地址移位寄存器中列选信号的移位由配置控制逻辑完成。和配置逻辑紧密联系的是位流文件的格式。表 3.1 是设计中所用的位流文件数据格式。其中，位流文件长度由 24 位的数据表示，数据帧长为 182，它由数据移位寄存器的长度决定，随着 FPGA 阵列的大小而变化。先导符用于表示配置数据的开始，填充符为预留的字符，用于数据流开始时的同步。同时位流文件中包含了用于数据校验的 16 位 CRC 校验码。

整个配置结构的核心为 3 个计数器：位流长度计数器、地址计数器和数据计数器。其工作过程如下：位流文件处理器让位流通过 28 个串接的触发器。前面 24 个触发器组成一个位流文件长度计数器，它记录了位流文件的总长度。剩下的 4 个触发器作为先导符检测器，用于监测输入的位流文件。当位流第一次出现0010时，检测器就立即输出一个高电平有效的信号。该信号反馈给位流长度计数器，位流长度计数器就锁存24位的位流长度。然后计数器等待4个时钟周期，跳过4位的填充符，准备输出配置位流。接下来检测器输出使能信号，在下一个周期，位流长度计数器、地址计数器和数据计数器开始计数。位流长度计数器从位流长度递减计数，地址计数器和数据计数器从0开始计数。当数据计数开始时，它送出一个CRC信号使能CRC检测电路。当数据计数器计数满一帧时，它就检查CRC的输出。如果没有错误，数据计数器就指示地址计数器进行地址选择译码，然后地址计数器累加1。若出现错误，则需重新开始位流数据的输入。当地址计数器达到最大帧数时，它输出一个结束信号（DONE）。此时完成配置，FPGA开始启动过程。

表3.1　位流文件数据格式

数据类型	位数	格式
先导符	4	0010b
位流长度	24	COUNT(23:0)
填充符	4	1111b
数据帧	182	DATA(n-1:0)
CRC	16	XXXX

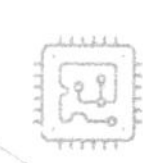

3.1.3　CRC校验模块

FPGA的逻辑块和输入输出块的功能取决于配置单元的内容，配置单元的任何错误将导致FPGA产生错误的功能。在配置过程中，容易引入错误，因此需要设计校验模块来检测错误。在使用成熟的循环冗余校验（CRC）技术时，CRC码具有较好的性能，其内在的代数结构使得编码和解码相当简洁，而且CRC的错误检测能力不依赖于码字的长度。

图 3.4 是设计的 CRC 校验模块结构，属于线性反馈移位寄存器（LSFR）结构中的一种。当配置电路中数据计数器开始计数时，CRC 校验模块由复位信号复位。然后位流在进入数据移位寄存器的同时输入 CRC 模块。当数据计数器计数满一帧时，CRC 接着开始读校验位，产生指示校验情况的 CRC 信号。

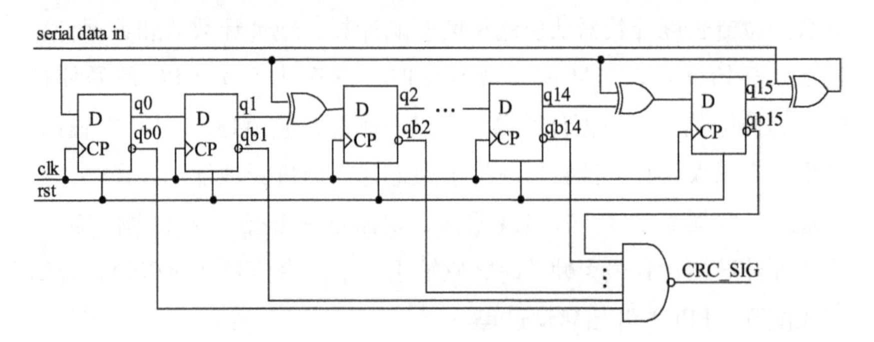

图 3.4　CRC 校验模块结构

3.1.4　设计验证与物理实现

为验证电路的功能，我们利用 Verilog-XL 进行了电路的整体仿真。仿真中采用的数据链长度（即帧长度）为 182 位，地址链长度为 576 位。输入配置数据利用 C 语言随机产生，并自动生成相应的先导符和填充符，由 CRC 算法生成相应的 16 位 CRC 校验码，最终的文件为 182×576+48＝104 880 位。配置电路读入生成的配置文件，得出预期的正确结果。

配置电路的版图实现分为 4 个部分：JTAG TAP 控制器、数据移位寄存器链、地址移位寄存器链、控制逻辑和 CRC 模块。它们的位置分布如图 3.5 所示。JTAG TAP 控制器位于 FPGA 的左上角，控制逻辑和 CRC 位于右上角，数据移位寄存器链从上而下处于 FPGA 的中间部分，地址移位寄存器链从左到右在中间横跨 FPGA。

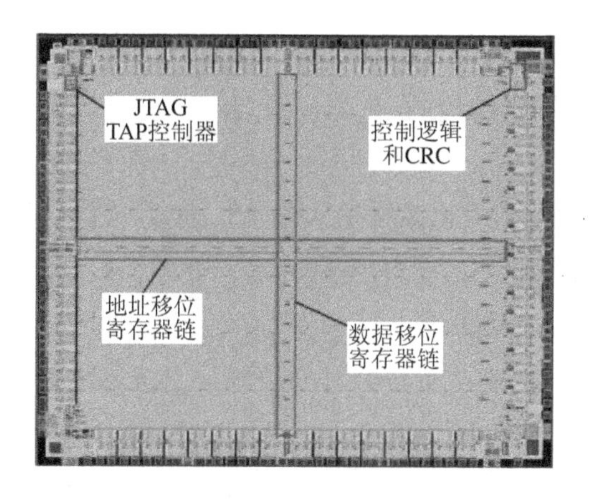

图 3.5　电路版图的位置分布

整个 FPGA 使用华润上华的 0.5 μm 单多晶三铝工艺完成。配置电路的每个部分的面积见表 3.2。其中配置电路的面积约为 1.404 mm^2，FPGA 面积约为 45.5 mm^2，配置电路在其中约占 3%的面积。此配置电路功能简单，针对性较强，一般用于规模较小的 FPGA 中。

表 3.2　各部分电路的版图面积

电路	面积/mm^2
JTAG TAP 控制器	0.010×0.015
控制逻辑和 CRC	0.015×0.030
数据移位寄存器链	0.095×6.0
地址移位寄存器链	6.845×0.110
FPGA（总体）	7.195×6.325

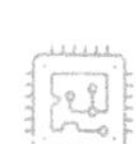

§3.2　易扩展配置电路的设计

随着 FPGA 规模的扩大，需要设计易于扩展、重用性好的配置电路。

3.2.1 FPGA 启动过程

FPGA 配置启动的整体流程如图 3.6 所示。流程表示了 FPGA 从上电启动、配置到开始工作的整个过程。具体关键步骤如下：

（1）清零配置存储器

上电以后，配置存储器会自动清零。当清零结束以后引脚 INIT 会变成高电平。给引脚 PROGRAM 一个逻辑低电平，使配置电路复位并且让 FPGA 保持在清零状态。一般 PROGRAM 低电平所需的最短时间是 300 ns，对最长时间没有要求。

（2）延迟配置

通过外部对引脚 INIT 一直保持低电平会延迟 FPGA 的配置。FPGA 采样 INIT 的上升沿，配置才可以开始。当 INIT 变成上升沿后，不需要等待一个空余时间，但不意味着配置就此开始。配置电路直到从数据流中获得同步字才开始工作。

（3）配置数据

配置电路在收到同步字以后就开始数据的配置。在向配置存储器写入数据之前，先要对一些控制寄存器写入数据。这些控制寄存器用来控制数据流如何被写入配置存储器中。关于数据配置的细节会在下节详细介绍。

（4）CRC 错误检查

在配置数据过程中会有两次 CRC 值的检查。一次是在最后一帧数据之前，另外一次是在最后一帧数据结束后。如果 CRC 值检查错误，INIT 将变成低电平，接下来的启动操作将被终止，FPGA 也不会变成工作状态。

（5）启动和工作状态

CRC 值检查正确以后，FPGA 进入启动流程。在这个过程中 DONE 将被释放（变成高电平），激活 I/O 口，释放 GSR 和允许 GWE 信号线。随着配置过程的结束，FPGA 变成实际的工作状态。

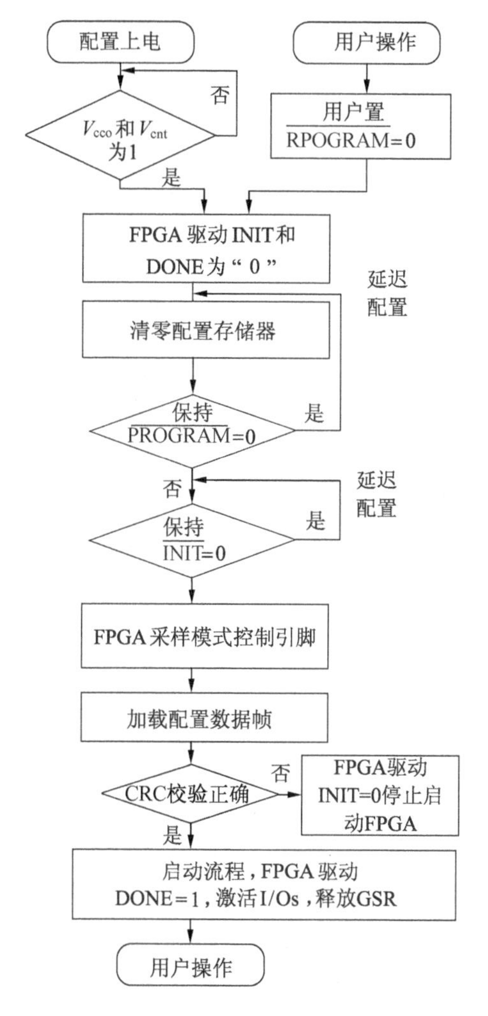

图 3.6　FPGA 配置启动的整体流程

3.2.2　配置电路设计

配置是将设计数据加载到 FPGA 内部配置存储器的一种过程。我们设计的电路含有 4 种配置方式，分别为主串（Master Serial）模式、从串（Slave Serial）模式、从并（Slave Parallel）模式和 JTAG 模式。整个配置过程所需要的引脚列表见表 3.3。

表 3.3 配置所需引脚列表

名称	方向	驱动类型	描述
CCLK	输入/输出	有源	配置时钟，主模式时输出
PROGRAM	输入		配置电路的同步复位，低电平有效
DONE	输入/输出	有源/开漏	配置状态和启动控制
M_2、M_1、M_0	输入		配置模式选择
TMS	输入		边界扫描模式选择
TCK	输入		边界扫描时钟
TDI	输入		边界扫描数据输入
TDO	输出	有源	边界扫描数据输出
DIN（D_0）	输入		串模式数据输入
D_1: D_7	输入/输出	有源，双向	从并模式数据输入
CS	输入		片选信号，低电平有效（仅用于从并模式）
WRITE	输入		写信号选择，低电平有效（仅用于从并模式）
BUSY/DOUT	输出	三态	串模式时用于菊花链数据输出
INIT	输入/输出	开漏	延迟配置，指示配置清零或者有错，低电平有效

配置电路共有四大类配置模式，共计 8 种配置方式，即每一类配置模式又分为将未使用的配置管脚上拉和不上拉两种方式，由外部配置模式管脚 M_2、M_1、M_0 来控制选择这 8 种配置方式。

整个配置电路系统连接框图如图 3.7 所示。图中①代表上电启动及初始化逻辑的控制信号；②代表从外部串口 DIN（D_0）、8 位并口（$D_0 \sim D_7$）及 JTAG 端口数据输入接口（TDI）输入的数据信号或者回读到并口和 JTAG 端口的数据信号；③代表经过配置数据打包器的对控制器的初始化及控制数据；④代表由配置过程控制器内部产生的尚未经过译码的帧地址；⑤代表经过将 1 位串口或 JTAG 口及 8 位并口转化成 36 位的数据；⑥代表经过转换后的写入配置 SRAM 的数据；⑦代表回读的配置 SRAM 信号；⑧代表经过转化后的回读配置 SRAM 信号；⑨表示控制寄存器对启动电路的控制信号。

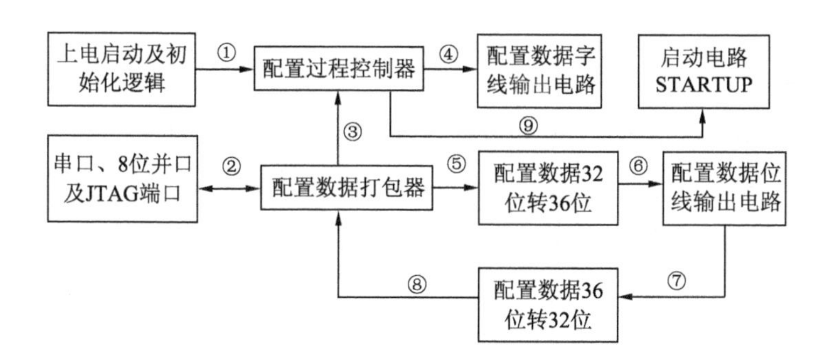

图 3.7　配置电路系统连接框图

整个配置数据写入配置 SRAM 的过程如下。首先，根据外部配置模式管脚（M_0、M_1、M_2）判断配置数据的方式及入口，然后通过向相应的配置端口输入配置数据（即码点文件）。其次，将输入的数据以 32 位为一个字进行编码，此时配置过程控制器根据配置文件开头的 18 个字进行初始化操作，此后的数据即为将要写入的配置数据，其中包括地址及配置数据信息。最后，在整个配置数据写入的过程中，配置数据经过 32 位到 36 位的转化后输出到位线电路，并结合经过帧地址的译码字线信息将配置数据写入相应的配置 SRAM 中。整个配置数据的写入过程是以帧为单位的。

（1）上电启动及初始化逻辑

图 3.8 为上电启动部分的主要逻辑之一。图中最上面的输入端是 Program_n 信号，它主要用于控制是否完成上电初始化的过程。图中左下角的逻辑电路是用来控制寄存器清零信号端，如果 Program_n 为低或者内部振荡器产生的振荡脉冲没有达到 212 个，那么其始终使寄存器的值清零，导致后面电路始终维持在上电初始化的状态，整个 FPGA 电路将无法工作。寄存器的数据输入端的信号是来自内部字线产生的振荡信号，主要是使字线相继打开，用于在上电时刻完成对配置 SRAM 初始值的写入。

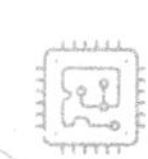

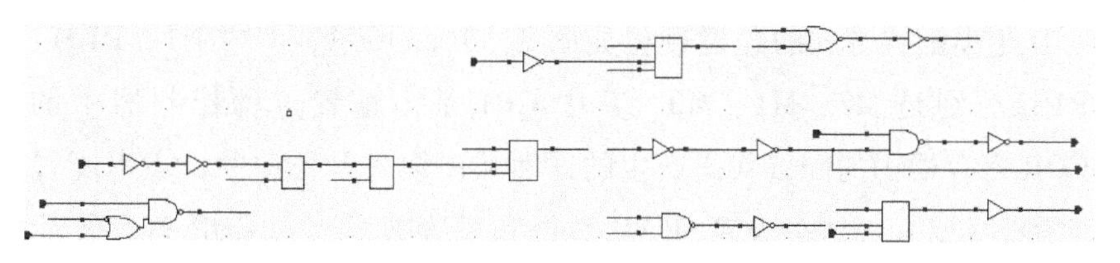

图 3.8　上电启动部分的主要逻辑之一示意图

整个上电启动的过程是上电后判断电源供电电压是否大于 1 V，若大于该值，则继续上电初始化的过程，否则继续判断电压值是否满足上述条件。满足条件后，启动内部时钟振荡器开始工作，同时启动计数电路开始对时钟计数，此时字线部分也形成两个振荡器环路开始字线振荡；等到内部时钟振荡器计满 212 并且 Program_n 为高电平后，再判断字线振荡至少满 4 个周期后才完成整个芯片的初始化工作，芯片此后就可以进行配置操作了。

（2）配置数据打包器

配置数据打包器的主要功能是将输入的各类数据按照每 32 位进行数据打包处理。它主要包括配置数据包同步电路、数据位计数电路、数据通道选择电路及配置数据分段电路等几个部分。其内部结构图如图 3.9 所示。

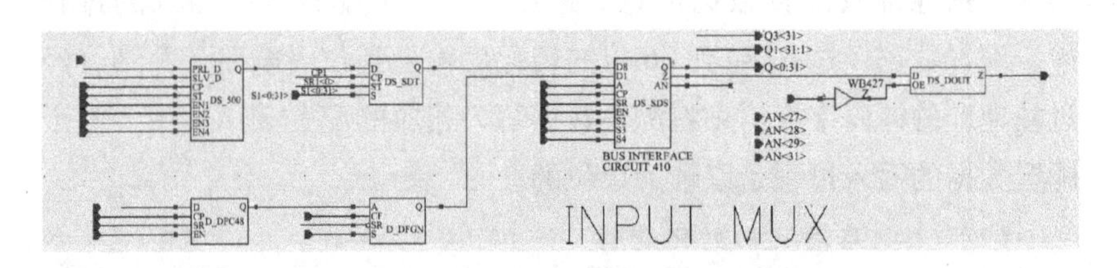

图 3.9　配置数据打包器的内部结构示意图

从图 3.9 中可以看出，数据信号主要有两路输入，即上面一路的串口（D0）和 8 位并口（D7 ~ D0）输入，下面一路主要是用于 JTAG 端口输入数据。之所以分为两路输入信号，主要是由于用于数据同步传输的时钟不同引起的。主串方式是由内部产生配置时钟信号 CCLK，而从串和从并方式都是由外部从 CCLK 端口输入配置时钟信号。

主串配置方式的配置过程如图 3.10(a)所示，图中 N1、P101、P102 分别是 M2、M1、M0，其中 CP1 是由配置过程控制器中的 COR 寄存器中的配置代码产生的，而从串模式是外加的，主串配置时钟（CCLK）是在清零 SRAM 数据和配置数据写入 COR 寄存器后才产生的；JTAG 配置方式是由 JTAG 电路专用时钟信号 TCK 来提供配置数据时钟同步，该信号也是由外部输入的。在串口和并口输入路径中，第一个32位移位寄存器输出到外部的数据包同步判断逻辑处，用来判断是否出现同步数据字AA995566h，如果出现该字则表明数据已经同步，此后输入的数据每32位进行一次数据打包。如图3.10(b)所示，QN（同步判断逻辑的输出）在遇到同步字后变为低电平，它连接到32位数据位计数器的复位端。在两路信号汇聚到总线接口电路410处，该部分电路输出信号到数据包分段判断和计数逻辑处，而电路的时钟输入端是由内部数据配置时钟产生的。其中，S_TDI_DATA用来选择是从上面一路输入的信号还是下面一路输入的信号，S3用来截取前面两路截取好的32位配置数据信号，S_RB_DATA用来选择是输入写入的配置数据还是回读的配置数据；A31～A0是回读数据的输入端口；AN27、AN28、AN29和AN31用于外部电路判断数据帧的写入或者读出。打包器的最后一部分电路是一个数据电平驱动器，主要用来加强信号的驱动能力。该电路有一个数据输出使能信号Write_EN，当其为高电平时数据才能输出到配置总线上去，否则为高阻态。

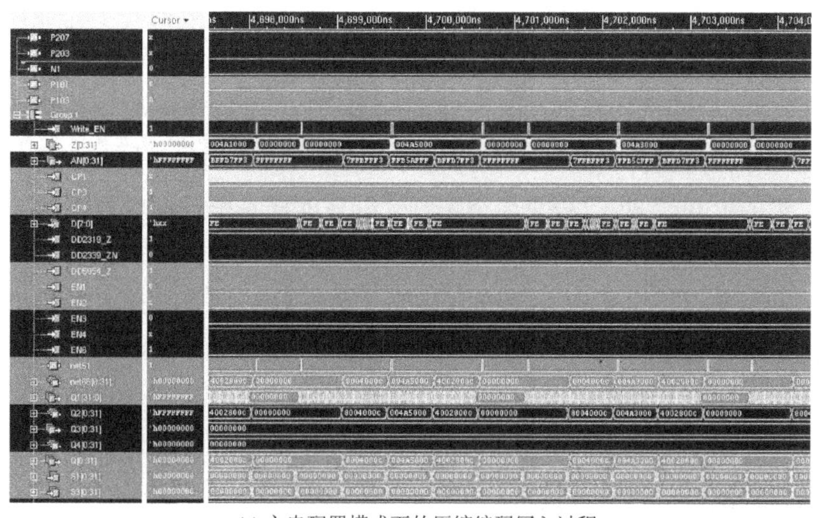

(a) 主串配置模式下的压缩编码写入过程

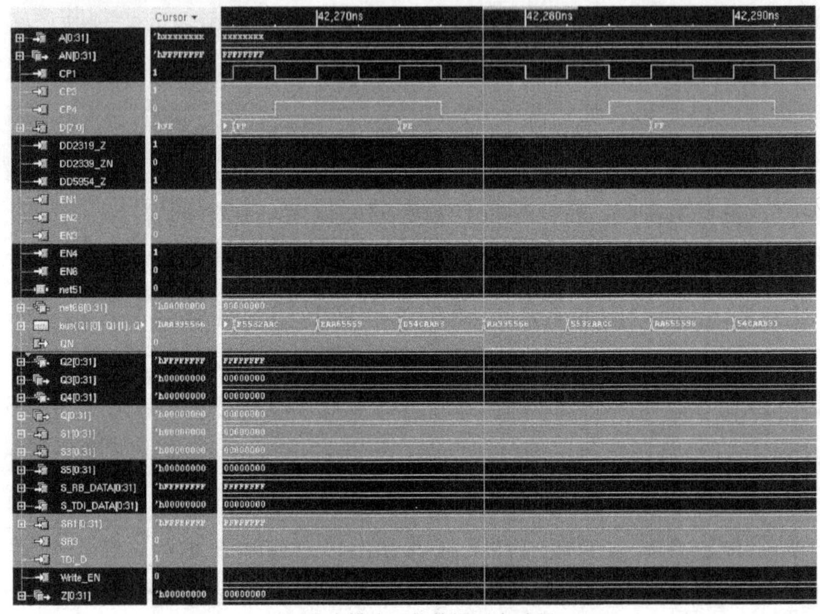

(b) 从串模式下的数据同步过程

图 3.10　串联模式数据配置过程

从串模式下的数据打包过程如图 3.11 所示。数据同步完成以后，每隔 32 个时钟周期 S1 变为全 1。该信号维持一个时钟周期，并对 32 位移位寄存器的数值进行采样。该 S1 信号由模块外部时钟计数器产生，对 CCLK 时钟信号计数。在随后的一个内部配置时钟的上升沿 S3 信号变为全 1，该信号维持一个内部配置时钟周期，将前面已采样的 32 位信号送入总线接口电路中。间隔若干个时钟周期后，Write_EN 变为高电平，将配置数据送入配置数据总线。需要注意的是，不写入配置 SRAM 和控制寄存器中的数据不通过配置数据总线，即开始初始化配置过程控制器的地址数据不通过这里，同时配置过程控制器内部的各个控制寄存器的值可以通过该配置数据总线读出。

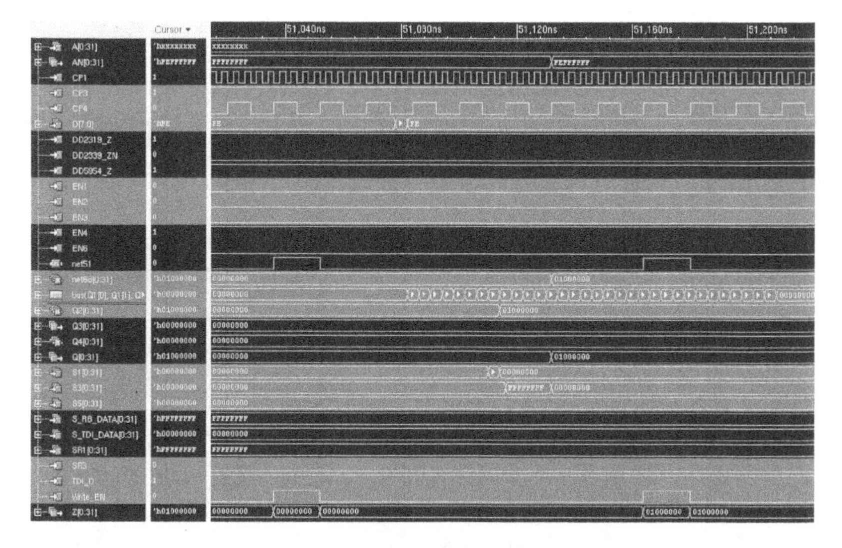

图 3.11　从串模式下的数据打包过程

JTAG 配置模式下的数据打包过程如图 3.12 所示。从图中可以看出，和从串配置模式不同的是，数据的输入端口是 TDI，同步时钟是 TCK（CP3），数据从下面一路输入总线接口电路中，每隔 32 个 TCK 时钟周期 S5 变为全 1，并维持一个 TCK 周期。在随后的一个内部配置时钟（CP4）的上升沿 S3 变为全 1，并维持一个时钟周期。此时，打包成 32 位的配置数据已经送入总线接口电路。经过 2 个时钟周期，Write_EN 为高电平，并将数据输出到配置总线上。

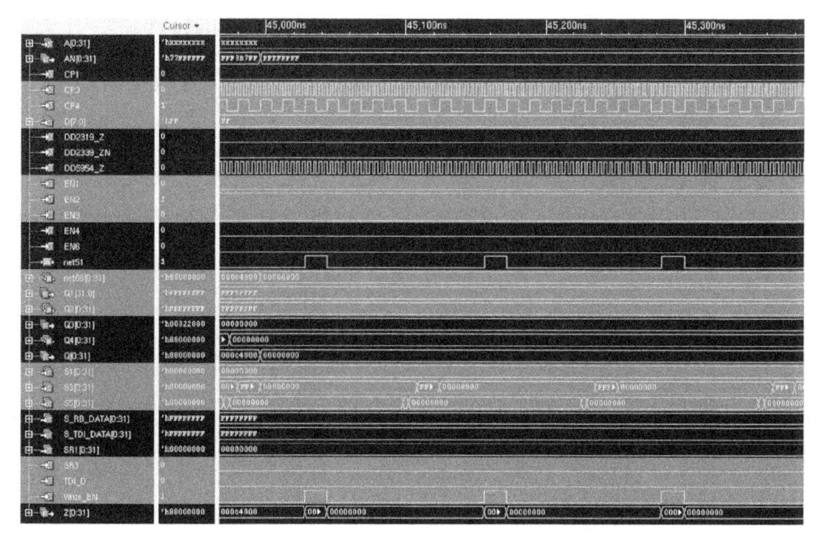

图 3.12　JTAG 配置模式下的数据打包过程

从并模式下的数据打包过程如图 3.13 所示。和上述两种配置模式不同的是，每个 CCLK 时钟周期传输 8 位数据，每 4 个时钟周期采样一次信号，控制信号的波形与串口模式的波形相似。

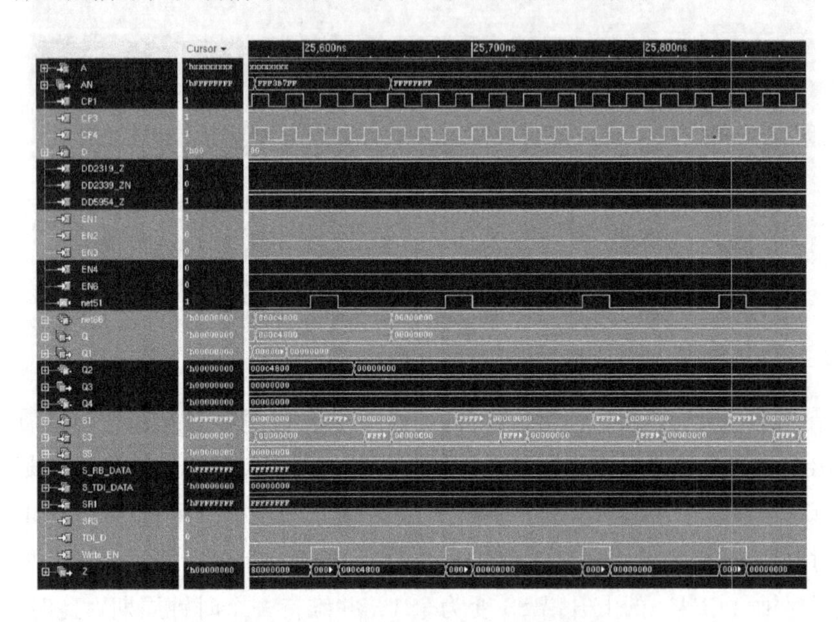

图 3.13　从并模式下的数据打包过程

（3）配置过程控制器

配置过程控制器主要用于控制整个配置过程的顺利进行。其主要功能有对内部各个控制寄存器初始化操作，控制配置过程的命令控制、帧长度字节数计数、帧地址的自动累加、配置控制状态机等。

整个配置过程控制器的电路主要有以下几部分：配置寄存器寻址译码部分，用于寻址内部的各个配置寄存器，其中还包括一些计数器的控制端；全局清零信号的输出缓冲器部分，主要用于初始化寄存器的信息；CRC 校验电路及校验输出信号部分；命令字的译码逻辑部分，用来产生配置控制信号；配置数据位线控制信号产生逻辑和帧长度字节计数器及相应的控制信号部分；帧地址自动累加逻辑部分；配置控制状态机的状态转移逻辑和控制输出逻辑部分；几个配置控制寄存器及其数据输出电路部分。

这些配置控制寄存器包括命令寄存器 CMD（4 bit）、帧长度寄存器 FLR（7 bit）、配置选项寄存器 COR（31 bit）、控制掩码寄存器 MASK（9 bit）、控制寄存器 CTL（9 bit）、帧地址寄存器 FAR（27 bit）、冗余校验寄存器 CRC（16 bit）及状态寄存器 STAT（15 bit）。所有这些寄存器数值的写入过程都是先由一个字节寻址相应的寄存器，后面紧跟的一个字节是写入该寄存器的数据。

命令寄存器（CMD）主要用于存储配置输入的指令字，用来控制整个配置的过程。

帧长度寄存器（FLR）主要用于存储每个帧所包含 32 位字节的数量。图 3. 14 为帧长度寄存器结构示意图。图 3. 14 中前面的一位寄存器是帧长度寄存器，而后面的一位寄存器是帧长度计数器的寄存器。其工作过程是：首先经过寻址将初始的数值写入帧长度寄存器，同时预置计数值控制端口（Preload）为 1，而其余控制值均为 0，此时计数寄存器的值与写入帧长度寄存器的值一致。此后帧长度寄存器维持锁存状态，其值不变。当允许计数控制信号（Enable Counter）变高后，每传输一个 32 位字节计数器便开始减 1 计数操作。等到计数值变为 0 时产生一个计数脉冲，用来控制位线上帧数据的写入。此时重置计数值允许信号（Reload）为高且允许计数信号和保持计数值信号（Hold）都为低，再将帧长度寄存器的值载入计数器寄存器中，重新开始一个数据帧的计数。在未计满一个字节期间，保持计数值控制信号（Hold）为高，以保持计数值不变；而在计满一个字节时，该控制信号为低，允许计数信号为高。帧长度计数器控制信号波形图如图 3. 15 所示，图中自上到下 4 个信号依次是 Reload、Enable Counter、Preload 和 Hold。

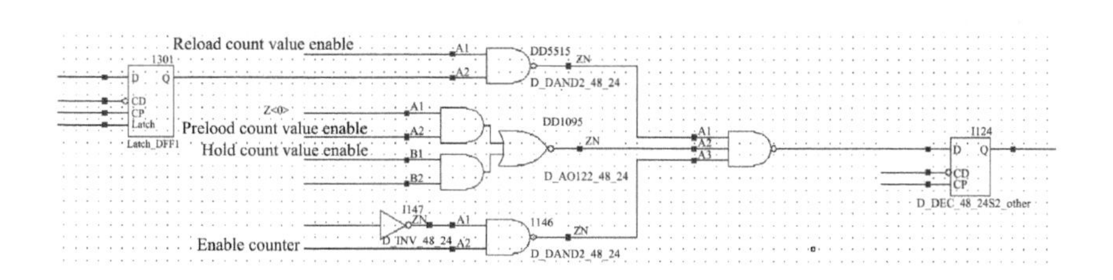

图 3. 14　帧长度寄存器结构示意图

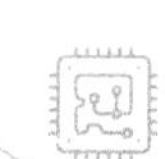

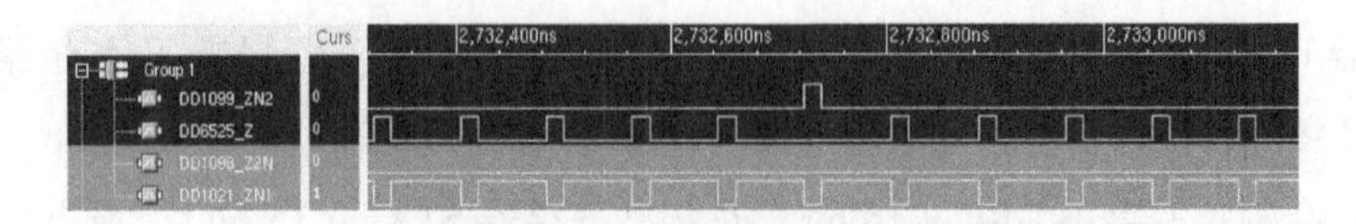

图 3.15　帧长度计数器控制信号波形图

配置选项寄存器（COR）主要用来存储配置结束后的芯片启动阶段参数。配置选项寄存器及其配置格式字如图 3.16 所示。

	DONE_PIPE	DRIVE_DONE	SINGLE						OSCFSEL		SSCLKSRC				LOCK_WAIT	SHUTDOWN			DONE_CYCLE			LCK_CYCLE				GTS_CYCLE				GWE_CYCLE			GSR_CYCLE
31	30	29	28	27	26	25	24	23	22	21	20	19	18	17	16	15	14	13	12	11	10	9	8	7	6	5	4	3	2	1	0
0	x	x	x	x	x	x	x	x	x	x	x	x	x	x	x	x	x	x	x	x	x	x	x	x	x	x	x	x	x	x	x

图 3.16　配置选项寄存器及其配置格式字

控制掩码寄存器（MASK）主要用于防止不必要的数据通过配置总线向全局控制寄存器误写入，其相应的位为 1 表示允许向相应的控制位写入数据，默认掩码值均为 0。控制掩码寄存器及其控制逻辑示意图如图 3.17 所示。

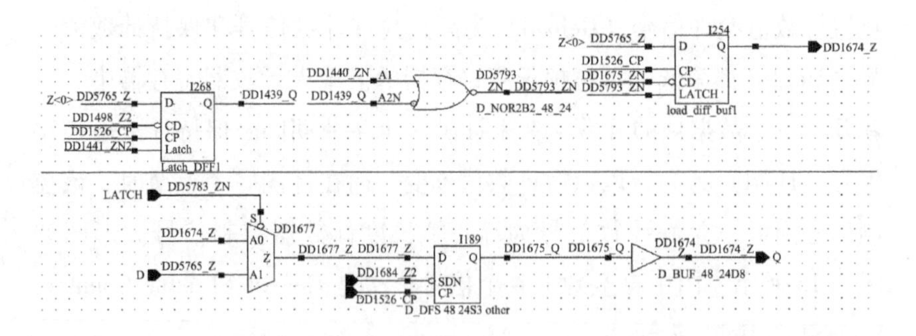

图 3.17　控制掩码寄存器及其控制逻辑示意图

图 3.17 中横线上面部分的前一个寄存器是控制掩码寄存器，后一个寄存器是全局控制寄存器，中间是由一个或非门控制，其上面一个控制端是控制寄存器地址选择端，下面一个带非门的控制端由控制掩码寄存器的值提供。横线下面的图是控制寄存器内部原理图，其数据输入端由一个二选一的多路选择器控制。如果要向控制寄存器写入

数据则必须 LATCH = 1，也即其地址选择端为低电平而控制掩码寄存器中的值为高电平。如果控制掩码寄存器的值为低，那么控制寄存器的值处于锁存状态，其值不会发生改变。

控制寄存器（CTL）是用于控制配置数据完成后对配置引脚功能进行定义，以及对保护芯片安全方面（是否允许回读配置文件）的选项进行定义。

帧地址寄存器（FAR）是用于提供帧数据所要写入的帧地址的数据，每完成一帧数据的写入，其值自动加 1，默认从全 0 帧地址开始写入配置数据。帧地址寄存器可以分为 3 个部分：块类型、主地址和从地址。块类型区域表明是使用 CLB 还是块 RAM 地址空间。命令寄存器中的命令每一次执行都伴随着帧地址寄存器载入一个新值。主地址选择 CLB 或者 RAM 行，从地址选择行内的帧。从地址在每一次完成一整个数据帧的读或者写操作后自动增加 1。如果地址增加时选择在 CLB 行中的最后一帧，那么主地址增加 1 而从地址被置为 0，否则从地址增加 1。块类型的编码方式如表 3.4 所示，帧地址寄存器位区域如图 3.18 所示[13]。

表 3.4　块类型的编码方式

类型	编码
CLB	00
RAM	01

					Block Type		Major Address (Column Address)								Minor Address (Frame Address)																
31	30	29	28	27	26	25	24	23	22	21	20	19	18	17	16	15	14	13	12	11	10	9	8	7	6	5	4	3	2	1	0
0	0	0	0	0	x	x	x	x	x	x	x	x	x	x	x	x	x	x	x	x	x	x	0	0	0	0	0	0	0	0	0

图 3.18　帧地址寄存器位区域

从图 3.18 中可以看出，寄存器的低 9 位不参与帧地址的寻址。主地址区域是从第 24 ~ 17 位，共计 8 位；而从地址区域是从第 14 ~ 9 位，共计 6 位。主地址和从地址的计数过程是共用一个计数器实现的，计数器的输入端共有 8 位，前面有 8 个二选一多路选择器来选择输入主地址还是从地址，其控制信号来源于字线中的尾帧判断逻辑。而输出的数据都输出到主地址和从地址的输入端，但是它们分别由两个控制信号来控制是否写入相应的地址寄存器。从地址寄存器及前端输入电路示意图如图 3. 19 所示，它相当于一个三控制线的三选一多路选择器。

主地址寄存器及前端输入电路示意图如图 3. 20 所示。从图 3. 19 和图 3. 20 中可以看出，其控制信号有寻址（address）信号、选择计数器（select _ count _ out）输出信号（高电平有效）和数据保持（Hold）信号（对于从地址来说是高电平有效，而对主地址来说是低电平有效）。工作过程是：在初始化时刻，地址译码后使 address 信号变为高电平，此时数据从配置总线上送入帧地址寄存器，设计的 FPGA 中默认初始值为全 0。在主地址不变的情况下，主地址寄存器 Hold 信号为低电平，select_count_out 信号也为低电平；同时，从地址处于计数状态，每写入一帧数据其值加 1，计数值随写入地址空间的不同而变化；在计数增加时，select_count_out 信号为高电平且 Hold 信号为低电平，使计数器输出到从地址寄存器中。帧地址寄存器控制信号输出波形及主从地址寄存器值如图 3. 21 所示，图中自上而下的 4 个控制信号依次是从地址数据保持、从地址选择计数器输出、主地址数据保持和主地址选择计数器输出。

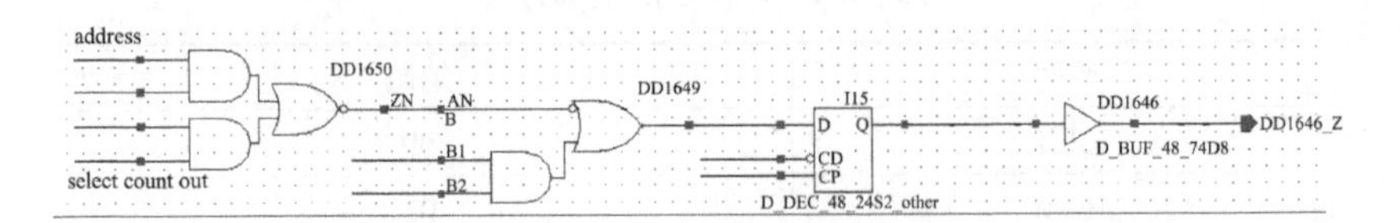

图 3. 19　从地址寄存器及前端输入电路示意图

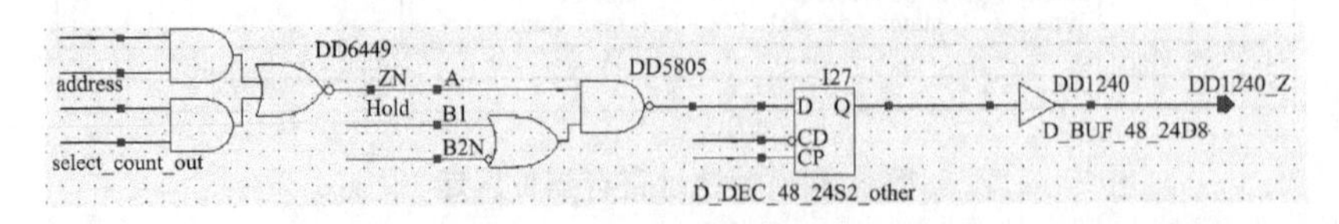

图 3. 20　主地址寄存器及前端输入电路示意图

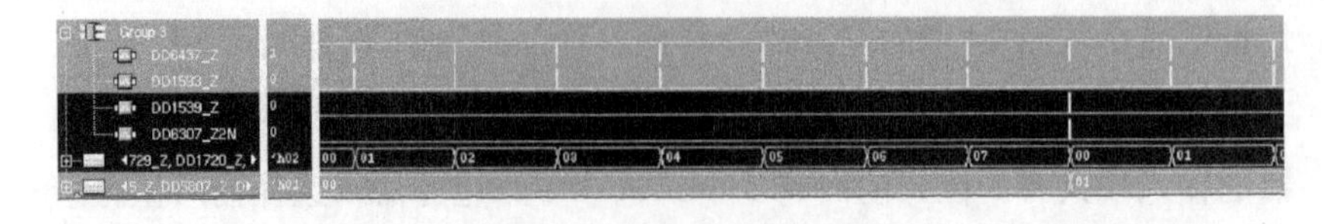

图 3. 21　帧地址寄存器控制信号输出波形及主从地址寄存器值

冗余校验寄存器（CRC）主要用于检测在传输配置数据及连接到配置总线上可选择的寄存器命令字的过程中是否发生了传输错误。在整个数据配置过程中，共进行两次校验，第一次是在写最后一帧数据以前，第二次是在配置数据的结束部分进行。CRC 数据校验的过程是配置的数据通过 CRC 校验逻辑计算传输数据的 CRC 值，再与配置数据中已由软件计算好的 CRC 校验值做比较。若校验结果为 0，则表示传输无误；若为 1，则表示传输过程出错，且配置逻辑也被置于错误模式。在状态寄存器中记录了 CRC 的校验结果。

状态寄存器（STAT）是用于存储一些电路控制和状态信号的，它的值可以通过从重配置模块或者 JTAG 端口读出。

整个配置过程控制器的工作过程如下：

① 首先除冗余字和同步字的前两个 32 位字节以外，从第 3 个字节开始到第 18 个字节结束，这 16 个字节主要是在配置数据正式进入配置总线前对配置过程控制器中的各个配置寄存器进行初始化操作，为配置数据的正式进入做准备。

② 其次在上述初始化的过程中，要使用指令寄存器译码配置命令，如清除 CRC 校验寄存器指令 RCRC 及写配置命令 WCFG 等。在执行完 WCFG 后，首先寻址帧数据输入寄存器（FDRI），然后输入要写入数据的字数，该数据位于数据打包器中的帧分段判断逻辑的计数寄存器中，以后每打包完成一个 32 位帧数据，该计数器就执行减 1 操作，直到 0 为止，表示一个数据段的数据输入完成。在下载码点文件中，配置数据共可以分为 3 段，第一段包括所有配置寄存器的数据，第二段和第三段的数据除说明帧地址的起始地址和其后写入的数据字数外，输入的帧数据都为 0，最后一帧数据单独写入。

③ 在最后一帧数据输入完成后，向命令寄存器输入启动命令（START），用来启动芯片功能，然后向全局控制寄存器输入全局控制字，最后进行 CRC 校验位的对比。若未出错则继续完成芯片启动过程，否则停止芯片启动过程。

（4）配置数据 32 位转 36 位逻辑

电路中的 32 位转 36 位逻辑如图 3.22 所示，主要分为三个部分，其中前两个部分为数据传输及转换逻辑，后一个为控制逻辑，主要由配置过程控制器中的配置状态机控制（ctrl[0:7]）。图中前一个逻辑是控制数据输入的逻辑，后一个逻辑是数据转换阵列。

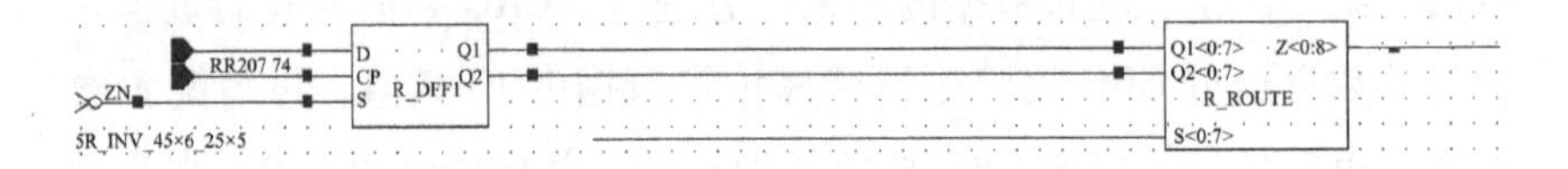

图 3.22　32 位转 36 位逻辑

控制数据输入逻辑主要由 2 个 32 位寄存器组成，且 2 个寄存器为串联关系，其时钟驱动端均为内部配置时钟，控制输入端（S）由配置过程控制器控制。其内部结构如图 3.23 所示。

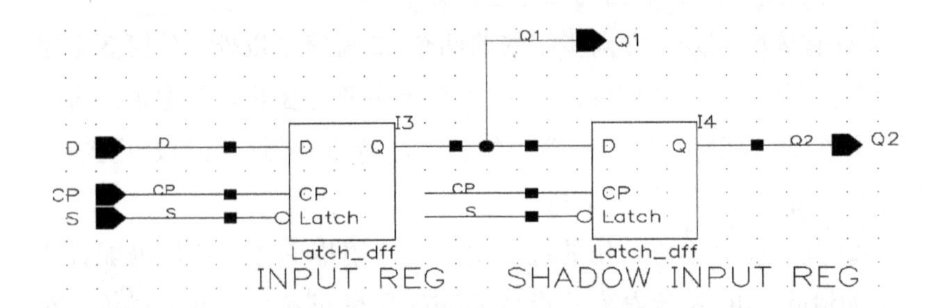

图 3.23　控制数据输入逻辑内部结构

数据转换阵列逻辑内部电路如图 3.24 所示。

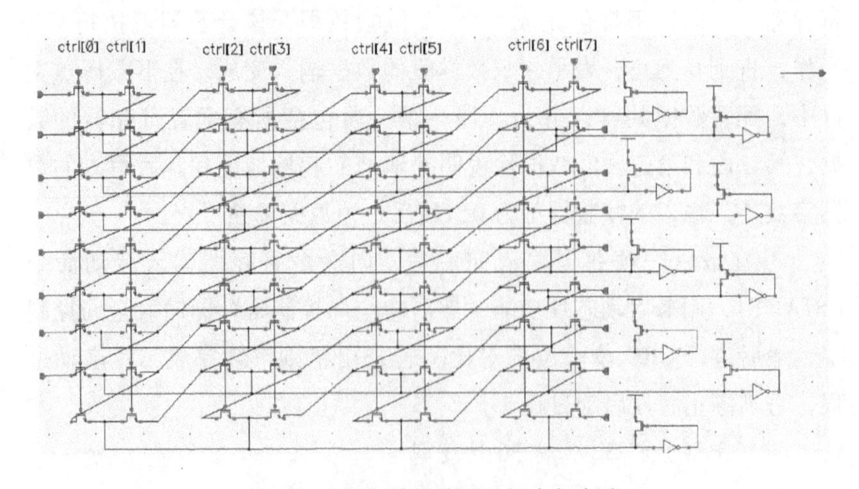

图 3.24　数据转换阵列逻辑内部电路

数据转换器的基本工作原理是：首先每写入一个字节的 32 位数据，先放入第一个输入寄存器（INPUT REG），等到下一个 32 位数据到来时，将第一个输入寄存器中的数值存入第二个输入寄存器（SHADOW INPUT REG）当中，同时新进来的数据存入第一个输入寄存器中，此时开始数据转换。取 SHADOW INPUT REG 中的全部 32 位数据，然后取 INPUT REG 中的高 4 位数据组成 36 位数据；经过数据移位后，第二次取 SHADOW INPUT REG 中的剩余 28 位数据，再取 INPUT REG 中的高 8 位数据，组成 36 位数据，此后以此类推。该数据移位转换过程由配置状态机的输出 Ctrl[7:0]控制。其数据转换过程与状态机的状态关系如表 3.5 所示，DB 为 INPUT REG 中的数据，DA 为 SHADOW INPUT REG 中的数据。

表 3.5　数据转换过程与状态机的状态关系

状态	Ctrl[7:0]	SHADOW INPUT REG
0000	10000000	无数据
0001	10000000	DB[32:0]，无数据
0010	00000001	DB[31:28]，DA[32:0]
0011	00000010	DB[31:24]，DA[27:0]
0100	00000100	DB[31:20]，DA[23:0]
0101	00001000	DB[31:16]，DA[19:0]
0110	00010000	DB[31:12]，DA[15:0]
0111	00100000	DB[31:8]，DA[11:0]
1000	01000000	DB[31:4]，DA[7:0]
1001	10000000	DB[31:0]，DA[3:0]

当状态为全 0 或 0001 时，转化后的数据不输出到 FDRI 中。因为此时必定有一个数据寄存器的值被全部用光。其输出控制信号如图 3.25 所示，图中从上到下的 4 组信号分别是状态控制输出信号 Ctrl[7:0]，FDRI 寄存器的输入使能信号，状态机的 3 个直接输出信号

（A、B、C），以及状态机的 4 个状态寄存器的值，总共有 10 种状态。其中 Ctrl[7:0]信号是通过 A、B、C 三个信号由三八译码器产生的。每一帧数据的开头两个字节要缓冲进入 INPUT REG 和 SHADOW INPUT REG，因此，在传输首两个字节数据或者在两个帧数据间转换时，就会出现两次不写入 FDRI 控制信号的情况，每一帧数据的最后 36 个字节将被抛弃不用，因此一帧数据的有用位数是 15×36 bit = 540 bit。而在传输数据过程中，每传输 8 个字节的数据，就会出现一次 INPUT REG 中数据用完的情况，此时就需要等待一个 32 位数据填入寄存器的过程，等待下一个 32 位数据将两个输入寄存器都充满后就可以继续传输了。

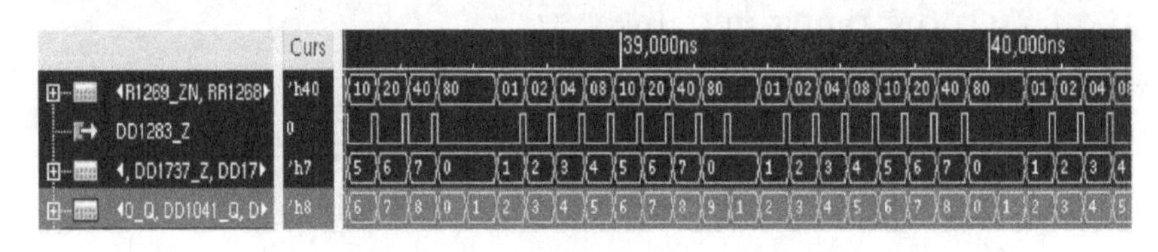

图 3.25　配置状态机及其输出控制信号

除此之外，还要注意的是选择阵列的组织方式。首先将输入的 INPUT REG 信号和 SHADOW INPUT REG 信号分为 4 组，每组 8 位，输入信号从高到低分为 8 组，其中的每一位对应到 4 组的相应位置上。输入信号分组情况如表 3.6 所示。组位表示每组中的第几位，例如，7<3>表示第 3 组中的第 7 位。

表 3.6　输入信号分组情况

组位	7<3:0>	6<3:0>	5<3:0>	4<3:0>	3<3:0>	2<3:0>	1<3:0>	0<3:0>
位数	D[31:28]	D[27:24]	D[23:20]	D[19:16]	D[15:12]	D[11:8]	D[7:4]	D[3:0]

（5）配置数据位线输出电路

经过 32 位转 36 位的数据就要输出到帧数据输入寄存器中。帧数据输入寄存器是一个移位寄存器，其连接着数据位线输出逻辑，整个配置数据位线输出逻辑结构如图 3.26 所示。

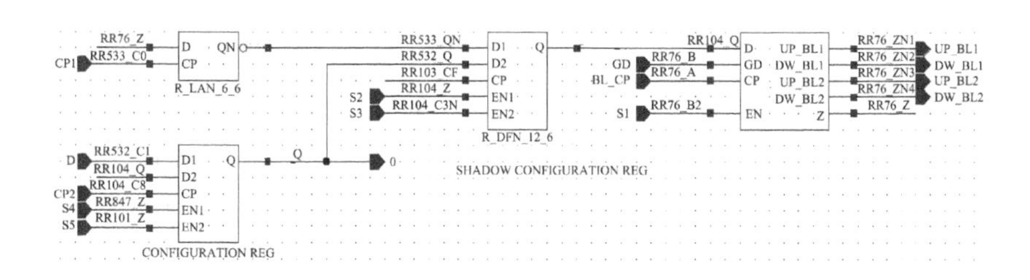

图 3.26　配置数据位线输出逻辑结构

上面一路输入信号是位线上的回读信号，下面一路输入信号是从数据转换器输出的信号。配置输入位线单元是 18 位线，分为奇、偶两组，每组各有 15 个输出位线单元，这正好与前面描述的 540 bit 的帧数据位数一致。在配置数据的过程中，配置数据被写入配置输入寄存器（FDRI）中，即图中的 CONFIGURATION REG，奇（偶）数的 FDRI 输出端一头连着下一个奇（偶）数的 FDRI 的数据输入端，另一头连着送入输出位线的寄存器（SHADOW CONFIGURATION REG）。当一帧数据写完时，SHADOW CONFIGURATION REG 的输入控制端为有效，此时将 FDRI 中的数据全部装入位线输出寄存器中，并通过后面的位线驱动逻辑将数据驱动到位线上去。其上电清零部分功能是通过在最后的位线输出端使输出控制线（S1）变为 0，此时位线上输出就为互补的全 0 或者全 1 了，同时配合字线上的周期振荡打开，这样就达到了上电清除所有配置 SRAM 的目的。需要注意的是，数据输出是互补信号输出，两路相同的信号分别连到芯片上下两个部分。

（6）配置数据字线输出电路

配置数据字线输出电路根据配置过程控制器中的帧地址寄存器输出的 14 位地址，通过两级译码电路来产生帧地址选择信号。帧地址输出信号主要有寻址配置 GCLK 的帧地址信号，每个 GCLK 对应 2 帧数据；寻址配置 CLB 的帧地址信号，每行 CLB 及两端各 2 个 IOB 共对应 48 帧数据；寻址配置块 RAM 互联区域的帧地址信号，每块对应 27 帧数据；寻址配置整行 IOB 模块的帧地址信号，每行 IOB 对应 54 帧数据。其典型的字线输出模块电路如图 3.27 所示，字线输出模块内部电路如图 3.28 所示。

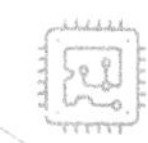

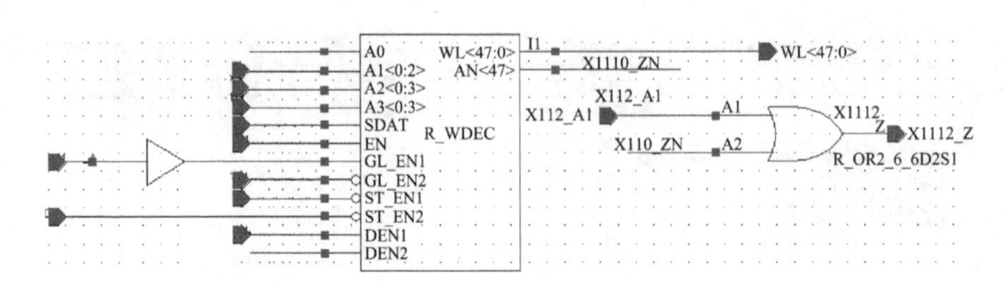

图 3.27　典型的字线输出模块电路

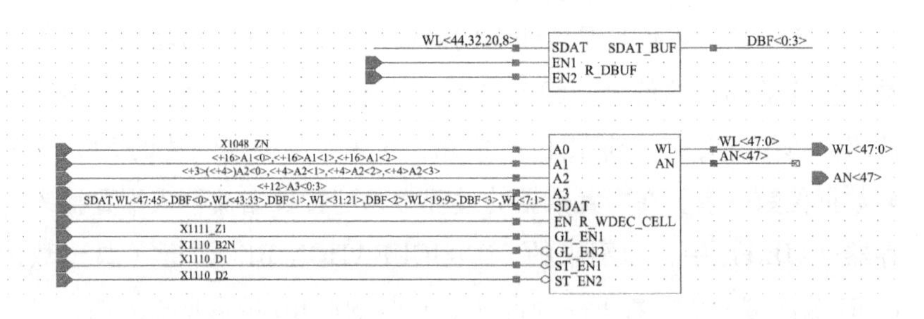

图 3.28　字线输出模块内部电路

在图 3.27 中，后面的或门逻辑是用于产生配置过程控制器中帧地址的主从地址计数器输入切换的二选一多路选择器的控制信号，该信号是由每个字线输出模块的末位字线通过层次化的或门连接产生的。如果该信号变高电平一次，表明一段配置空间（如一行 CLB）寻址完成，因此要切换主地址的数据来寻址下一块配置空间，此时主地址会被加 1，同时从地址被清零。而在寻址一段配置空间中间部分的时候该信号则不会变高，此时从地址在寻址一帧空间后会自动加 1。

从图 3.28 中可以看出，字线输出模块内部电路分为两个部分。上一部分的电路是用于上电初始化清零配置 SRAM 所形成的字线振荡电路，每隔 12 根字线，就要有一根字线连接到上面的缓冲电路中。整个字线振荡环路共分为上下两个环路，是由字线逐级反馈（即末端的 WL 反馈到下一级字线的 SDAT 信号端）形成的。字线起振的各控制信号条件是，GL_EN2 为低电平，ST_EN1 也为低电平，EN1 仍为低电平，ST_EN2 和 EN2 都为高电平，GL_EN1 也为低电平。在完成上电清零过程后，以上各控制信号都反向，从而破坏了字线振荡电路的振荡环路。仿真表明，上环振荡周期为 1 036 ns，其中高电平每周期持续时间为 562 ns，低电平每周期持续时间为 467 ns；下环振荡周期为 1 028 ns，其中高电平每周期持续时间为 470 ns，低电平每周期持续时间为 567 ns。上环和下环振荡频率略有不同，其中下环振荡电路还控制着整个初始化的过程。

在完成上电清零初始化的操作以后，电路开始进入正常的配置数据写入阶段，此时字线会根据帧地址的译码结果逐次产生字线信号（即字线逐个打开），其字线输出波形图如图 3. 29 所示。

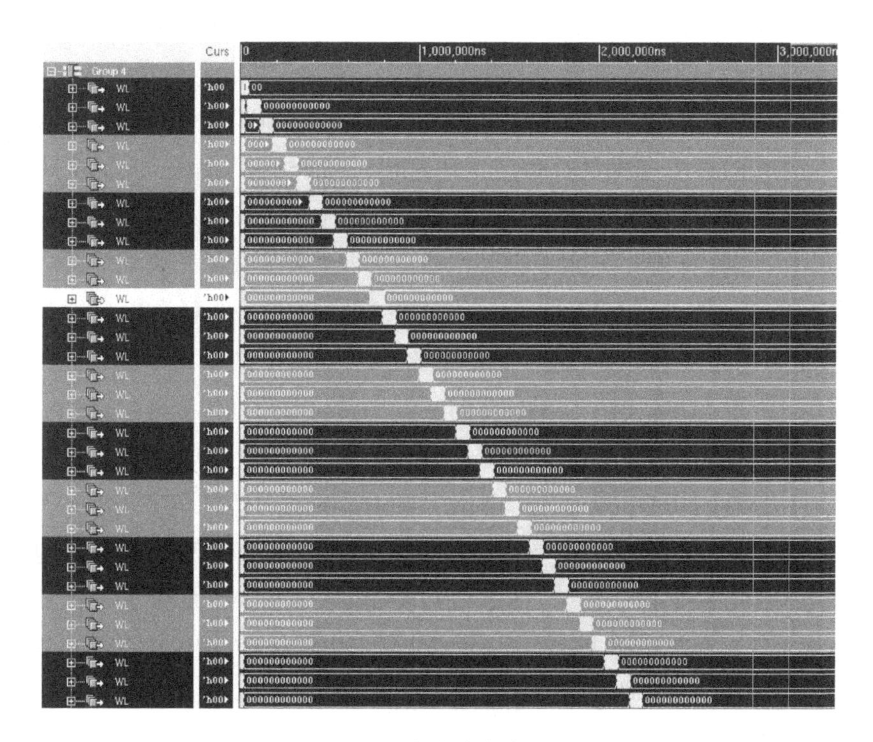

图 3. 29　字线输出波形图

（7）配置启动电路

FPGA 芯片配置启动电路主要由配置可选寄存器决定的配置完成标志信号 DONE 及各个芯片全局控制信号组成，这些全局控制信号主要包括 GTS（I/O 端口三态输出控制信号）、GWE（芯片内部所有 SRAM 和触发器写允许信号）和 GSR（全局触发器置位及复位信号）。该部分电路多为同步电路，主要是为了实现各个控制信号在启动阶段的某一个时钟周期来释放。该部分介绍详见配置可选寄存器（COR）各个位的说明部分。

该部分电路比较复杂，但极具规律性。它具有3种可选择的时钟同步源，即配置时钟（CCLK）、JTAG测试时钟（TCK）和用户可选时钟（User_clk）。在选用JTAG配置模式时，同步时钟必须选择为TCK；而其他配置方式则可以自由选择CCLK或User_clk。两种情况不能混用。在整个电路中可以发现具有相似结构的3条电路链结构，每条链中的寄存器由不同的时钟同步源驱动，但是它们的启动触发信号有两个：一个是配置流文件中的START命令；另一个则是JTAG模式下的JSTART命令。两个命令译码源不同，START命令由配置过程控制器中的命令寄存器存储并译码输出；而JSTART命令是由JTAG控制器（TAP）来控制的，由其中的JTAG命令寄存器存储并通过译码电路得到；同样，这两个信号不能在不同的配置模式下使用。另一个不同之处在于，JSTART命令必须在配置数据完全写入以后通过JTAG数据输入端口（TDI）额外添加，而START命令则不需要。在启动电路没有收到这个启动信号时，整个启动电路是不会开始启动流程的，也即没有相应的启动信号被释放。除了3条电路链以外，该部分电路还有同步DONE信号功能及驱动DONE信号为高电平功能。其中同步DONE信号功能主要用于ISE软件中的DONE_PIPE功能，也即将DONE输出信号延迟一个启动时钟周期；而驱动DONE信号为高电平功能，主要用于ISE软件中的DRIVE DONE PIN HIGH功能，不是弱上拉而是对外强驱动。该信号还可以用于Daisy-Chain多片FPGA配置中与配置芯片通信的端口。如图3.30所示的是在从并配置模式下设定所有全局控制信号和DONE信号一起在第4个时钟周期释放时的仿真波形图，CP1为CCLK，P203为DONE信号的I/O输出端，DD4699_A2为译码产生的START信号，DD4682_Z为GWE信号，DD4650_Z为GSR信号，DD4648_Z为GTS信号。

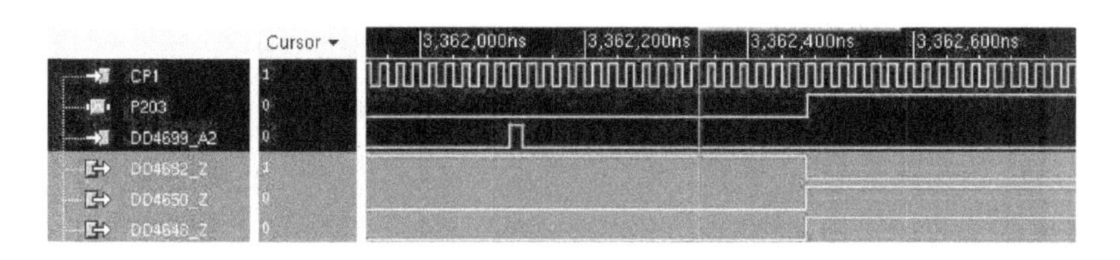

图 3.30　从并配置模式下的启动波形图

如图 3.31 所示的是 JTAG 配置模式下的典型（默认）启动波形图，图中 DD5270_Z 为 TCK 时钟，DD5268_Z 为 JSTART 信号。

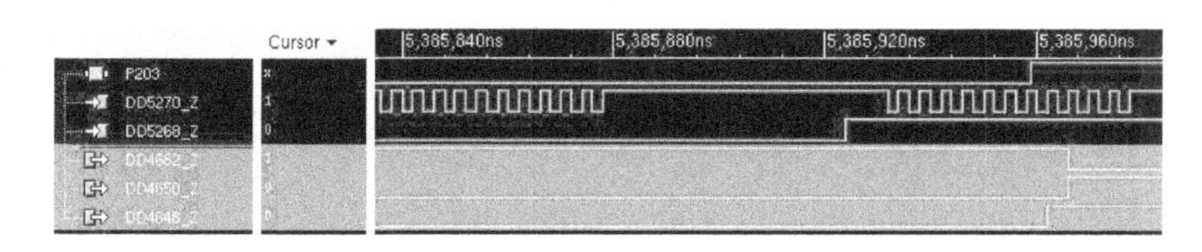

图 3.31　JTAG 配置模式下的典型（默认）启动波形图

§3.3　本章小结

本章将 FPGA 从逻辑功能上分为逻辑平面和配置平面。针对小规模 FPGA，提出一种新的基于 JTAG 的配置结构。配置电路利用位流长度计数器、地址计数器和数据计数器 3 个计数器，以帧为单位，控制配置数据流写入配置平面，完成配置。具体的配置电路用于 6 000 门 FPGA 的设计，实现的电路具有较小的面积，约占整个 FPGA 芯片的 3%。

针对规模较大的 FPGA，本章设计了一种基于状态机的、易于扩展的配置实现方案，给出了详细的从上电清零到配置启动的各种电路的设计仿真。设计的配置电路只需扩展数据链和地址链，便能通用于 20 万门、30 万门、100 万门的 FPGA 设计。

第4章 全局信号网络的设计

在 FPGA 中，全局信号线的负载大，而在上面传输的全局时钟信号对时序要求严格。在设计中，需要单独考虑全局信号。本章主要研究 FPGA 配置单元的抗干扰维持电路和全局时钟网络的设计技术。

§4.1 FPGA 配置单元抗干扰维持电路设计实现

基于 SRAM 的 FPGA 配置单元常采用六管 SRAM 的单元结构，详细电路和连接关系如图 4.1 所示[14]。图中两个交叉耦合的反相器构成了基本单元，左右两侧的两个写访问 NMOS 管用做字线控制。配置时先打开两个 NMOS 管，通过 D 和 DB 两个互补信号完成对单元的写过程。写入信息后，两个写访问 NMOS 管关闭以保存配置信息。FPGA 中的其他逻辑直接与 Q、QB 端连接，实现配置单元的控制功能。

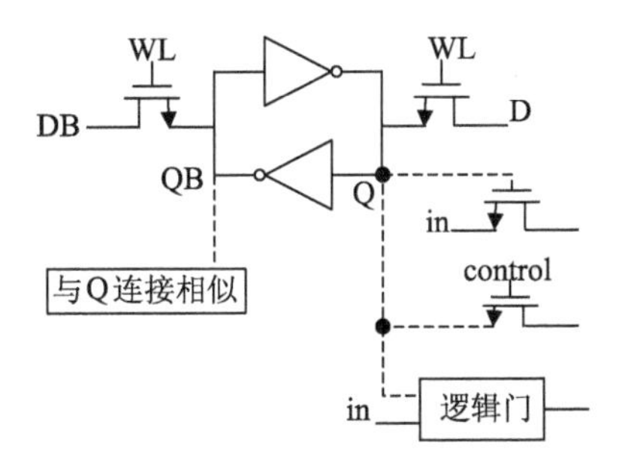

图 4.1　配置单元与逻辑电路的可能连接

传统的 SRAM 利用字线的开关控制对 SRAM 单元进行读写操作，有效阻止了外部电路的噪声耦合进入单元。相比较而言，FPGA 中的配置单元与外部电路直接发生耦合，外部电路的耦合噪声使得 FPGA 的配置信息出错而导致失效。而且 FPGA 本身处于电源到地的大摆幅工作环境中，干扰的幅度较大。在低压环境中，需要研究 FPGA 配置单元的受干扰机制，在考虑基本 FPGA 配置单元噪声容限设计的同时，需要提供额外的提高噪声容限的机制以实现 FPGA 的低压抗干扰维持能力。

针对基于SRAM的FPGA配置单元易受噪声影响而丢失信息的问题，本节提出了电压不稳定、低压状态下配置信息的抗干扰维持方案。在设计高面积效率配置单元、分析噪声容限的基础上，得出配置单元静态噪声容限随电源电压单调递增的关系，并进一步设计了基准、电荷泵及电压比较控制电路构成的可切换电源反馈控制电路，实现了配置单元的稳定供电。仿真及测试结果表明，正常工作电压为2.5 V的FPGA芯片能在1.8 V低电压下维持配置信息，具有较好的抗干扰能力。

本节在分析研究SRAM及配置单元噪声容限的基础上，给出FPGA配置单元的设计方法及静态噪声容限的仿真分析，确立了进一步提高容限的依据，并由此实现了一个反馈控制电路为配置单元供电，在电源降低时侦测电源电压，自动完成电源的切换，有效地提高了配置单元的噪声容限，完成低压情况下配置信息的抗干扰维持。

4.1.1 FPGA配置单元设计和噪声容限仿真

(1) 配置单元结构设计

六管SRAM单元有着较小的静态电流和较好的抗噪声性能，能随着工艺尺寸的缩小而等比例缩小，在深亚微米工艺中得到广泛应用。工业上通常采用六管结构，并通过版图和工艺技术来提高面积效率[15]。在SRAM设计中，静态噪声容限是最为关键的指标，它表示使存储单元翻转的最大直流噪声电压。已有较多的研究关注SRAM的噪声容限设计，并得出了较好的结论。其中文献［16］给出了SRAM静态噪声容限的解析分析和实用的电路仿真方法。在六管SRAM的设计中，考虑到读写操作，一般将PMOS负载管设计成最小比例的管子，访问NMOS管和驱动NMOS管的比例依次增大，以满足读写容限和噪声容限约束。

FPGA配置单元采用了传统六管单元结构，在配置时可通过打开访问管完成写操作，配置完后关闭访问管，配置单元不通过访问管进行存储信息的读取。此时不存在位线预充的情况，从而不需要考虑访问 NMOS 管和驱动管之间的比例设计。设计时只需满足能写"0"即可，合理设计负载 P 管与访问管的比例，总的原则是让负载 PMOS 管弱于访问 NMOS 管。

考虑到 FPGA 配置单元数量巨大，重复性较多，如 Xilinx Virtex5 中最小 FPGA 的配置单元多达 800 万个，我们设计的 FPGA 的配置单元数为 600 万个。设计时需要考虑面积效率，尽量设计成最小单元。此设计中，6 个 MOS 管的宽长比相同，其 MOS 管沟道长度由最小的工艺线宽决定，沟道宽度由版图的设计规则中的接触孔与有源区边缘间距规则确定。实际在采用最小线宽为 0.22 μm 的工艺下，考虑设计规则中孔与有源区间距，取 NMOS 管宽长比为 0.6 μm/0.24 μm，PMOS 管的尺寸与 NMOS 管相同。

(2) 干扰分析及噪声容限仿真

由于在 FPGA 中，配置单元和逻辑电路直接连接，可受到较大的干扰，表现为外部信号的变化通过栅源或栅漏电容、金属走线电容直接耦合到配置存储单元。图 4.2 给出了配置单元在受到干扰时噪声反相加到两个反相器输入端时的最坏情况。

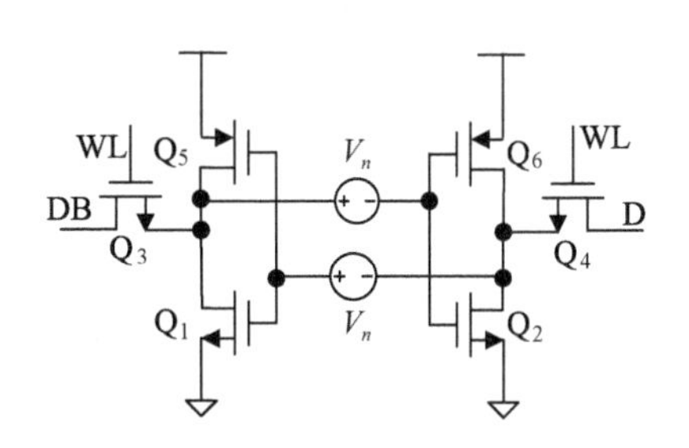

图 4.2 包含干扰的互锁配置单元

文献 [16] 将 SRAM 单元的蝶形图进行坐标变换得出了寻找噪声容限的简便方法，并用压控电压源实现建模仿真，完成了电路静态噪声容限仿真。其中考虑了读操作时访问管与负载管并联降低反相器增益而降低噪声容限的情况，得出了在 0~5 V 情况下的静态噪声容限 (SNM) 与电源电压 V_{dd} 的关系，并给出了在单元比 (Cell Ratio) 为 1

时，SNM 不随 V_{dd}的升高而单调变化，而是存在一个最大值。此处定义单元比为驱动管与访问管的增益因子之比。在 0.22 μm 工艺下，我们对最小比例管子 SRAM 单元在 0~2.5 V 进行了 SNM 的仿真，利用压控电压源完成蝶形图到噪声容限的数学转化。噪声容限仿真电路模型如图 4.3 所示，其中考虑了 SRAM 读操作时访问管 Q_3 和 Q_4 的并联效应。仿真时，对电压 u 进行扫描，最终输出曲线 V_{snm}的最大值或最小值的绝对值表示蝶形图所包含的最大方块的对角线长除以$\sqrt{2}$，即为噪声容限。

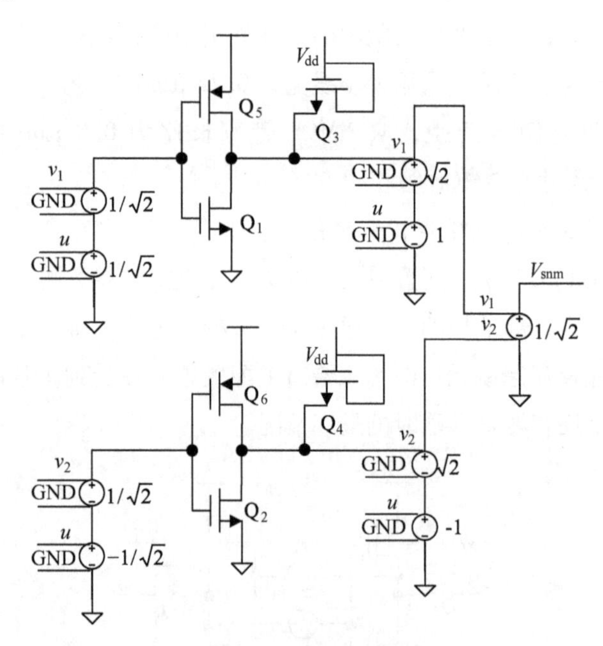

图 4.3　噪声容限仿真电路

而对于设计的最小比例 FPAG 配置单元，其中不存在访问管与负载管的并联效应，仿真时直接采用反相器单元。和图 4.3 中电路相比，不考虑访问管 Q_3、Q_4 的并联，最后得出静态噪声容限与电源电压的仿真关系（图 4.4）。在 0~2.5 V 的范围内其静态噪声容限随电源电压的升高而增加。

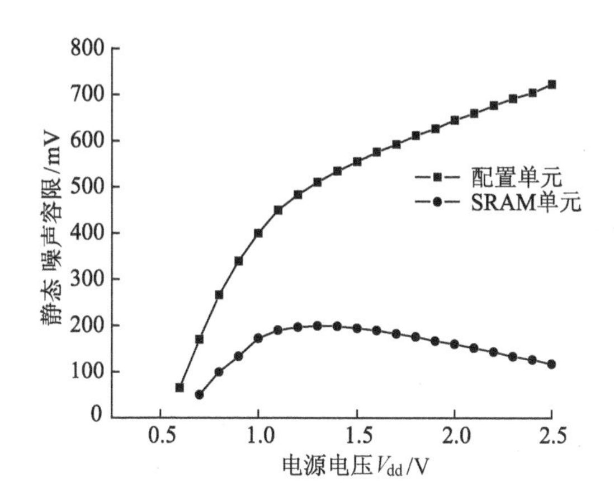

图 4.4　静态噪声容限与电源电压的仿真关系

从图 4.4 的仿真结果可看出，SRAM 单元具有较小的噪声容限，最大值在 1.25 V 处，为 200 mV。在 SRAM 的设计中，单元比为 1 时，提高电源电压对静态噪声容限的提高不起作用。相比于 SRAM 单元，由于不考虑读预充写“1”的情况，静态噪声容限有了提高。然而 FPGA 中的配置单元与外部电路直接发生耦合，易受噪声干扰。在 FPGA 配置单元的设计中，一方面，设计最小比例管子满足写入容限和一定的噪声容限，并达到最大的面积效率；另一方面，需要在工作电压降低时，通过维持较高的配置单元供电电压，保证一定的噪声容限，达到低压时配置信息的抗干扰维持。下面内容主要研究配置单元供电的电源控制结构。

4.1.2　抗干扰低压维持结构原理

为解决电源电压降低时配置单元噪声容限降低而易受干扰的问题，配置单元采用可切换的电源电压控制结构。在正常工作电压下采用电源电压 V_{dd} 供电；当源电压降低时，配置单元采用稳定的 Sram V_{dd} 供电，用于低压下维持配置信息。其结构框图如图 4.5 所示。

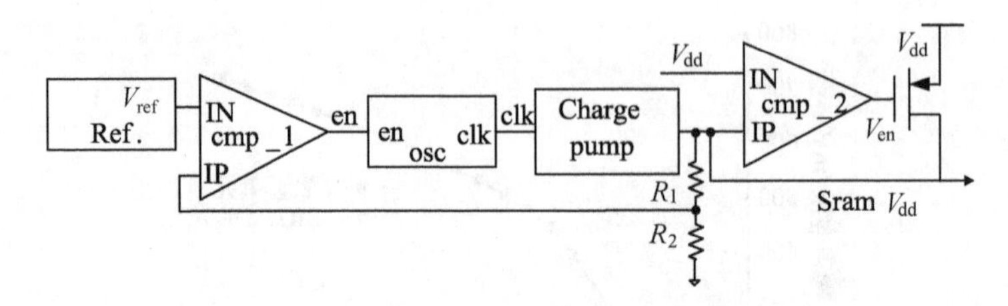

图 4.5 抗干扰低压维持电路结构

本设计采用了电压基准 Ref.，其在电源电压降低时能保持稳定的输出电压。另外，还设计了一个电荷泵，其可以在较宽的范围内工作，产生较高的电压，单独工作时能产生约 5 V 的电压。电荷泵的输出电压经电阻分压后与基准电压比较，若高于基准电压，则关闭电荷泵的振荡时钟；若低于基准电压，则使能振荡时钟。利用这一反馈控制可设定电荷泵稳定时的最大工作电压。

电荷泵的输出电压 Sram V_{dd}与电源电压 V_{dd}做比较，如果低于电源电压，比较器 cmp_2 输出低电平，使电源切换 PMOS 管 P_1 导通，此时 Sram V_{dd}采用电源电压，即配置单元使用电源电压供电；如果电源电压降低，使得 Sram V_{dd}高于电源电压，此时比较器 cmp_2 输出高电平，电源切换 PMOS 管 P_1 关闭，配置单元采用稳定的相对高的 Sram V_{dd}电压供电，增加了单元的静态噪声容限，可用于有效维持配置信息。

根据以上的原理分析，最终的 Sram V_{dd}采用 2.45 V。设计的控制结构具有如下性能：

① Sram V_{dd}电压和电源电压的比较，用于两种电压的切换。

当 V_{dd}<Sram V_{dd}时，输出采用 Sram V_{dd}，稳定时输出为 2.45 V，此时 V_{en}为高电平；当 V_{dd}>Sram V_{dd}时，输出采用 V_{dd}，此时 V_{en}为低电平。而当电源电压稳定工作时，采用 V_{dd}供电，此时电荷泵时钟停振，可节省功耗。

② 基准采用固定电压，设计为 1.23 V，具有稳定的温度特性和电源电压抑制比，保证在各种温度下 Sram V_{dd}的稳定输出。

4.1.3 设计与实现

（1）基准电路设计

在基准电路中，FPGA 低压维持结构对基准的精度要求不高，而且 PTAT 电压基准抗噪声能力较强。而基于运放的基准在 FPGA 的大摆幅工作的数字环境中易受干扰，设计复杂。我们采用常用的基于 PTAT 电流源的电压基准，设计的基准电压为 1.23 V。由于存在零电流的简并工作点，PTAT 的基准在工作过程中无法自启动，需要专门设计启动电路。在具体实现中，我们设计了一个倒比弱 NMOS 管的高翻转点反相器，完成了一个简单可靠的启动电路。基准电路如图 4.6 所示。

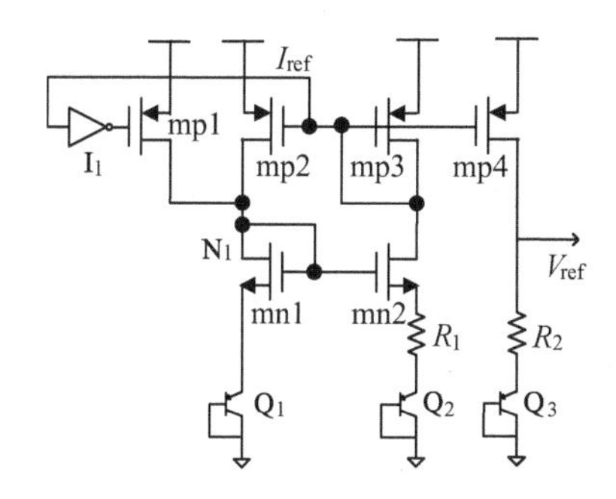

图 4.6 基于 PTAT 电流源的电压基准电路

电路启动时，高翻转点反相器 I_1 的输出使能 mp1，可强制 N_1 点充电，从而将电路推离零电压简并工作点，实现简单的启动。电压基准仿真波形如图 4.7 所示。基准在芯片加电时启动，其稳定时间为 130 μs，稳定电压为 1.23 V。

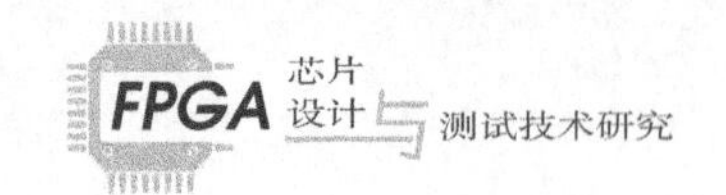

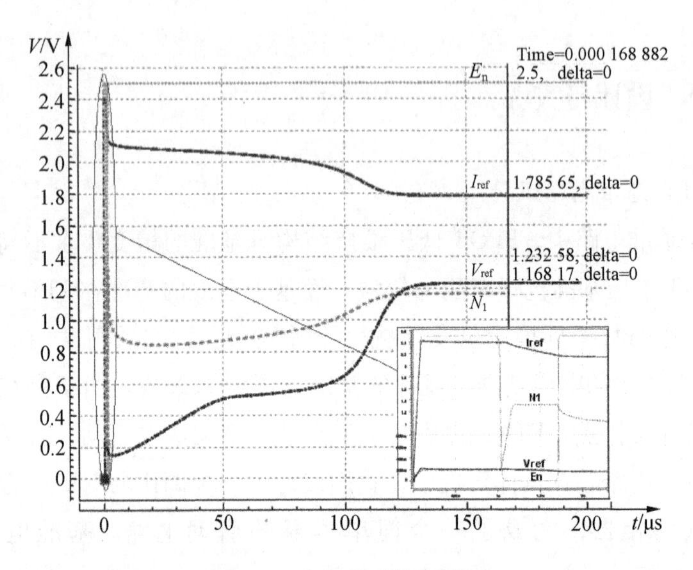

图 4.7　电压基准仿真波形

(2) 电荷泵电路设计

基于 Dickson 电荷泵设计思想[17]，设计了两级的电荷泵，其中二极管用栅漏短接的 NMOS 管实现，如图 4.8 所示。设计中采用的双相时钟由简单的环形振荡器完成，设计时采用简单的环形振荡和触发器分频。电荷泵直接采用电源电压供电，有较宽的电源电压工作范围，能在低压下工作。设计时主要考虑其带负载的能力。设计时采用 3.3 V 高压 MOS 管模型。图中，M_1、M_2、M_3 作为二极管使用，M_3 为隔离二极管，M_5、M_6 作为电容使用。由于在设计中需要较快的响应速度，我们设计了一个反馈 NMOS 管 M_4，用于加快电荷泵输出电压。

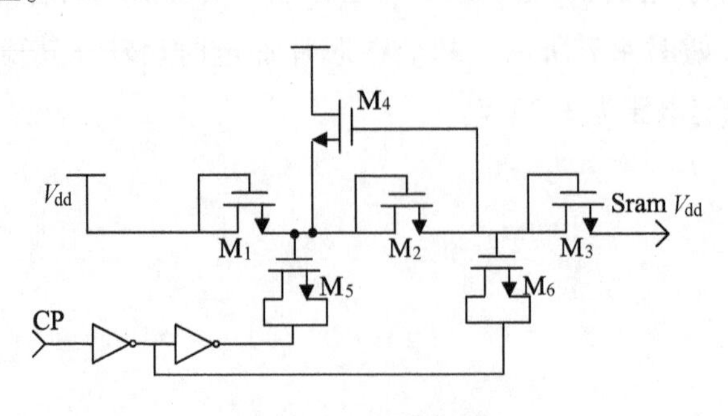

图 4.8　电荷泵电路

(3) 比较电路设计

设计的两种比较器，均采用简单的一级放大比较器，而对于比较器 cmp_2，由于其输入端接 V_{dd}和 Sram V_{dd}电压，在比较器内部输入端设计了相应的电平转换电路以控制共模电平。

4.1.4 物理实现

电路采用 0.22 μm 单多晶 5 层金属布线工艺实现，在所设计的 FPGA 中，基准电路还同时给片内振荡器提供稳定电流镜像，故在版图设计中基准与电荷泵在物理上是分开设计的。基准和比较电路版图如图 4.9 所示，面积为 $(342\times324)\mu m^2$。而考虑到电荷泵电路带负载能力，实际的 FPGA 芯片中采用 122 个电荷泵并联完成，单个面积为 $(28\times315)\mu m^2$，如图 4.10 所示。

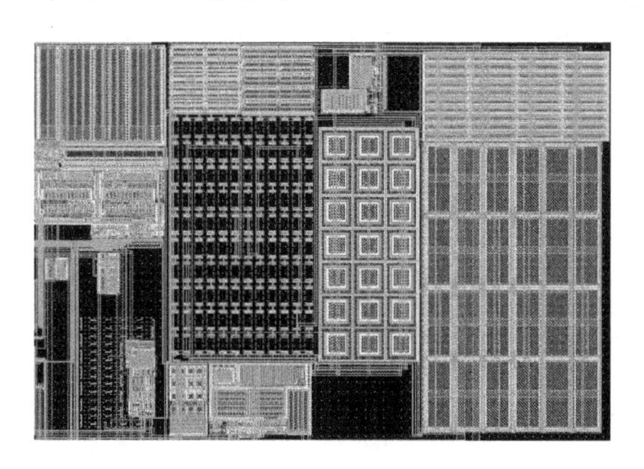

图 4.9 基准和比较电路版图

图 4.10 电荷泵版图

4.1.5 实验结果

本实验对抗干扰低压维持电路进行了详细的前仿和后仿，以及工艺角仿真，图 4. 11 给出典型情况的仿真结果。图中给出了在极限情况下 V_{dd}从 2. 5 V 跳变到 1. 8 V 时，Sram V_{dd}从 2. 5 V 变到 2. 42 V，而 V_{en}完成了从低电平（采用 V_{dd}）到高电平（采用 Sram V_{dd}）的变化。从图 4. 11 中可以看出，在 V_{dd}供电时，电荷泵时钟保持高电平，停止振荡，节省了功耗；而在 Sram V_{dd}供电时，电荷泵时钟根据所需的电压在 en 低电平使能时振荡，有效稳定了电荷泵的工作电压。由于基准电压的电源抑制比不高，在 1.8 V 情况下，Sram V_{dd}的电压为 2. 42 V，未能达到预期的 2. 45 V，但已经满足了低压维持的要求，电路达到了设计目的。

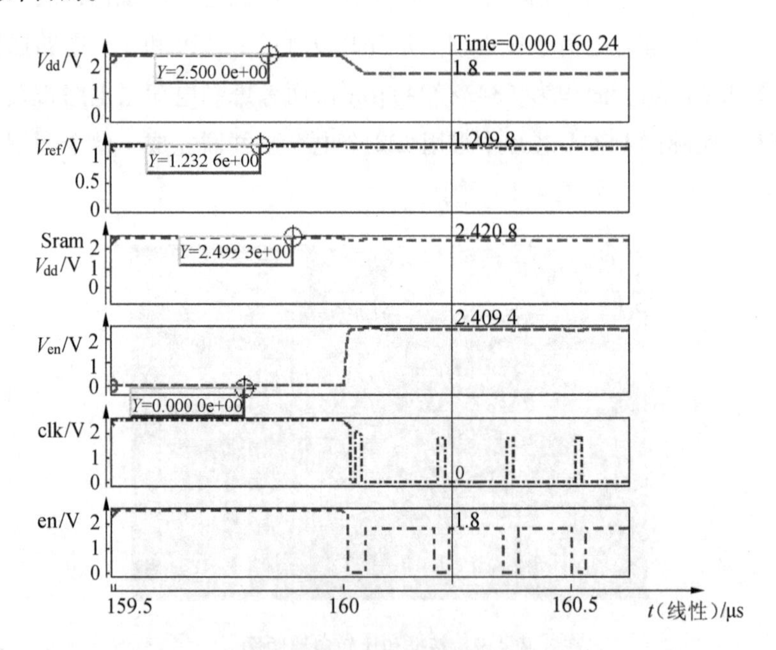

图 4. 11　抗干扰低压维持电路整体仿真波形

该电路应用在一个 100 万门的 FPGA 设计中，表 4. 1 列出了 FPGA 的相关参数。从表 4. 1 中可以看出，此电路结构的面积主要由 122 个电荷泵组成，其占有面积为 1. 076 mm^2，占芯片总面积 414. 11 mm^2的 0. 25%，面积开销相对较小。

表 4.1　FPGA 主要设计参数

类型	参数值
规模	100 万门
芯片面积	$(20.47\times20.23)\,\mathrm{mm}^2$
电荷泵面积（122 个）	$[122\times(28\times315)]\,\mu\mathrm{m}^2$
基准和比较器面积	$(342\times324)\,\mu\mathrm{m}^2$
典型工作电压	2.5 V
工作频率	200 MHz
配置位	6 Mbit
JTAG 配置时间	25 s

实际芯片测试时，在 FPGA 中配置不同功能的电路，将电路内核电压从 2.5 V 往下降，测试电路能保持功能的最低电压。我们分别利用 64 bit×64 bit 的乘法器，单长线开关测试码段，CLB 多路选择器测试码段，由 LUT 反相器组成的环形振荡器，以及 LUT 反相器进行了测试。表 4.2 是最终测试的结果。从表 4.2 中可以看出，电路在内核电压降到 1.8 V 以下时，电路出现不稳定现象，这表明电路在 1.8 V 以上能很好地实现抗干扰维持功能。

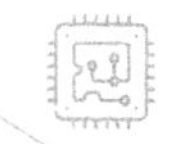

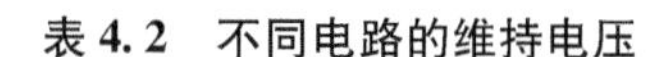

表 4.2　不同电路的维持电压

配置电路	内核维持电压/V
64 bit×64 bit 乘法器	1.78
单线开关	1.65
CLB 多路选择器	1.67
环形振荡器	1.72
LUT 反相器	1.60

§4.2 FPGA时钟分配网络设计技术

经不断提高工艺水平，CMOS电路速度已提高到了一个新的层次。随着工作频率的增加，要求FPGA的时钟信号有更高的速度与精度。时钟分配网络决定了时钟的速度与精度，进而决定了数据的稳定性与可靠性。本节结合FPGA的特点，在优化时钟网络功耗与面积的基础上研究FPGA内嵌时钟锁相电路，给出了一种FPGA时钟分配网络设计方案[18]。

4.2.1 FPGA的时钟布线结构

高性能的FPGA可用于实现一个完整的系统，一个系统由多个模块组成，而每一模块需要不同的时钟，这就需要多个时钟组成时钟网络。许多FPGA允许利用通用逻辑布线资源进行时钟布线，但其时钟偏差较大，一般设计中需单独设计时钟网络。另外，时钟网络的功耗占了FPGA的很大一部分，设计时要先考虑功耗、面积，严格设计以给FPGA中的每个模块提供低功耗、高速、偏差小的时钟信号。通常FPGA均将时钟信号分为全局和局部两种，并把芯片分为4个象限区域，布线时将时钟信号分层次布到每个区域。局部时钟只分布在FPGA的一个区域，可连到区域中的每一个触发器。全局时钟分布于整个芯片，但不一定要连到每一个逻辑单元。Altera公司的Stratix Ⅱ系列提供了16个全局时钟信号，可连到FPGA的每一个触发器，同时在每个象限区域提供8个时钟信号。同样，Xilinx的Virtex Ⅱ Pro也提供了16个全局时钟信号，给每个象限区域提供8个局部时钟，但其全局时钟不直接驱动触发器，而只驱动到每个象限的局部时钟网。

本书根据现有的FPGA时钟网络，提出了一个有效的时钟模型。

该模型将时钟网络分为三级：第一级是从芯片外围的时钟源到时钟区域中心的可编程连接，包含全局和局部两个平行的时钟网络；第二级是从区域中心时钟信号到此区域中逻辑块间的可编程连接，每个区域都有这样的网络；第三级是从逻辑块时钟到其中逻辑单元的可编程连接。

图 4.12(a)将 FPGA 芯片分成了 9 个区域，时钟源置于芯片四周，芯片的每一边均布有四分之一的时钟源，全局时钟从每一边的时钟源引到 FPGA 中心，再通过 H 树连到每个区域的中心。局部网络从与本区域最邻近时的芯片两边选择局部时钟源，将其连到区域中心。每个区域的逻辑块通过 SRAM 控制的多路选择器可以灵活地选择使用全局或局部时钟（图 4.12(b)）。此方式中，FPGA 可支持多个置于芯片周围的时钟源，并通过限制芯片中每一区域能同时使用的时钟数，有效减少了整个时钟分配网络的复杂性，而对性能影响较小。

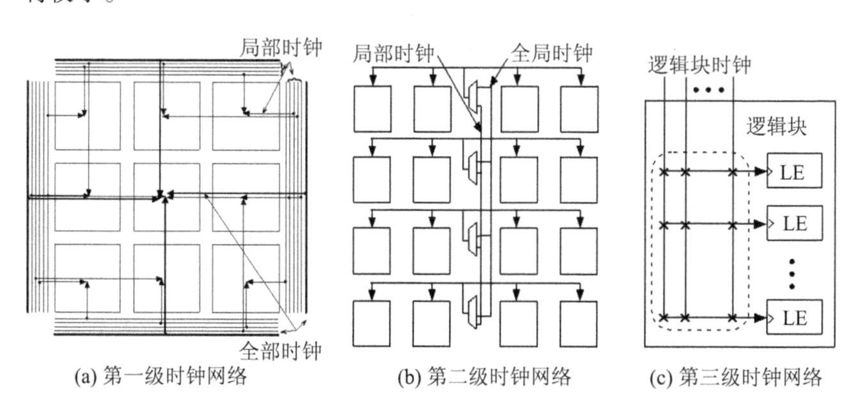

图 4.12　时钟网络

利用此设计模型可为 100 万门、规模为 64×96 个 CLB 的 FPGA 设计一个时钟网络。时钟树网络图如图 4.13 所示。图中间 4 条竖线（红色线）表示时钟线截断。对于 30 万门、规模为 32×48 个 CLB 的较小规模的 FPGA，其时钟树则少两组缓冲（加粗部分）。

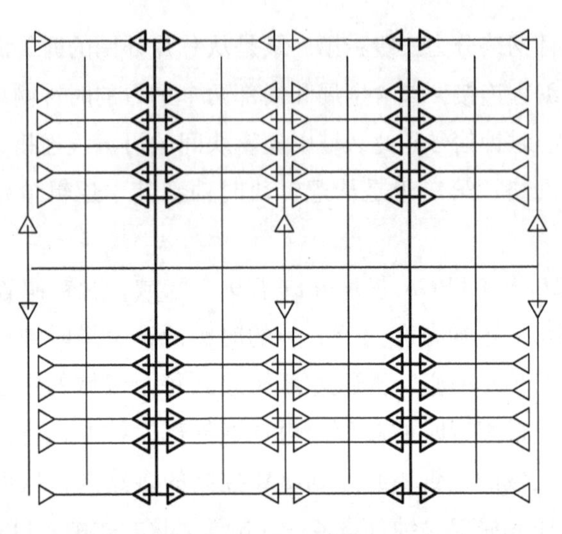

图 4.13　时钟树网络图

① 纵向来看，整个时钟树有 3 条主轴贯穿 CLB 区域，两边各一条时钟树分别在两端的 IOB 处，横向中间有一条时钟线主轴。

② 3 条时钟树中每条为两边各 12 列 CLB 提供时钟，即每条时钟主轴负责 24 列 CLB 的时钟信号。两边的两条时钟树，一条为对应一侧的 12 个 CLB 提供时钟，另一条为 CLB 对应的 IOB 区域提供时钟。

③ 时钟树是可配置的，使用配置 SRAM 单元作为配置存储器，每两个单元控制一路时钟信号线。因为该树为二叉树，所以每个方向上均有一个 SRAM 单元控制。其输出端与时钟输入端连接在同一个与非门的输入上组成门控时钟，以此来控制时钟信号的通断。

4.2.2　利用锁相环的时钟分配结构

（1）传统的时钟分配结构

通常在速度与芯片的复杂度不是很高的情况下，选择合适的时钟分配网络就可得到满足要求的 FPGA 时钟。但是随着复杂度与速度的提高，因温度、工艺参数或电源电压变化所引起的时钟偏差严重影响了 FPGA 的工作性能。此时需在 FPGA 时钟网络结构中设计锁相环将时钟信号锁定在稳定的参考频率上，消除分配网络的时钟偏差，使芯片中的触发器能准确地同步工作。同时，利用锁相环的频率合成功能，FPGA 芯片内部可工作在一个较高的频率上，而外部接口工作于较低的频率上，这样既提高了芯片的数据处理能力，又不增加了板级接口的实现难度。

在 FPGA 中，时钟沿在各个寄存器的相对到达时间决定了芯片能否正确工作，而时钟沿到寄存器的绝对延时时间对系统功能的影响不大。设计时通常关心时钟分配路径的相对延时，保持时钟沿在同一时刻到达寄存器。这种特点使得锁相环在时钟分配网络中得以应用，锁相环使得时钟延时为一个周期的整数倍，保证了不同寄存器处的时钟能同步。

在时钟分配中利用锁相环的技术称为零延时缓冲（Zero-delay Buffer）技术，其原理图如图 4.14 所示。

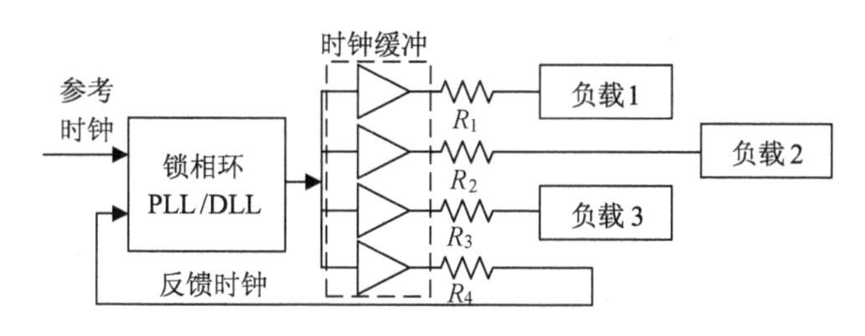

图 4.14　零延时缓冲原理图

在图 4.14 中，将时钟缓冲树（Clock Tree）结构中的一个时钟信号回馈到锁相环与参考时钟进行相位比较，根据误差调节相位将负载时钟与参考时钟对齐，实现了时钟信号到负载的零延时。$R_1 \sim R_4$ 为靠近缓冲树端的电阻，用于匹配负载连线的特征阻抗，保证了信号的完整性。设计时在工艺上保持负载连线与反馈连线长度一致，可减小时钟偏差。

在 FPGA 中一般可用模拟锁相环（PLL）或数字延迟锁相环（DLL）来实现时钟信号的合成。PLL 利用相位误差控制可产生时钟的压控振荡器（VCO），使其输出时钟信号与参考时钟信号的相位对齐。而 DLL 没有 VCO，不产生时钟，它是通过可控的延时单元来调整延时时间，完成相位对齐。

模拟锁相环可用电荷泵锁相环（CPPLL）来实现，实质上它属于混合信号锁相环（Mixed Signal PLL）。其由鉴相器产生相位误差电压，利用电荷泵累积误差电压，滤波后控制压控振荡器产生与外部时钟同步的信号。其原理框图如图 4.15 所示。

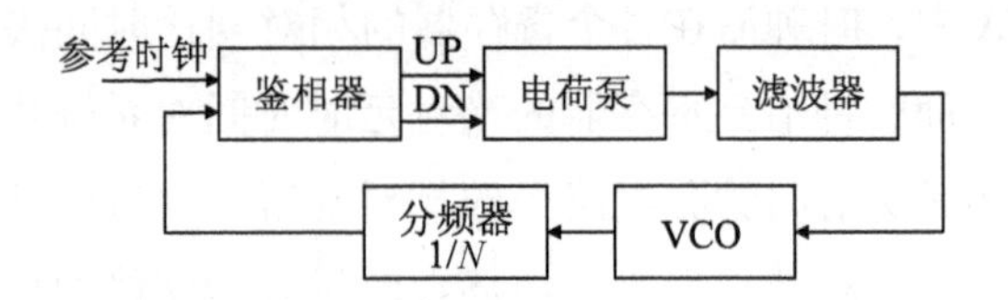

图 4.15　电荷泵锁相环原理框图

图 4.15 中分频器用来完成时钟信号频率合成，可以使时钟工作在 N 倍的参考频率上。

总体来说，PLL 设计要消耗大量的芯片面积，而且 PLL 是模拟电路，需要较长的仿真时间，对工艺的依赖性较大，在一种工艺下能工作的电路在另一种工艺下不一定能工作。在 FPGA 中，晶体管的切换使得芯片内部存在很大的电源噪声，传统的 PLL 使用的压控振荡器（VCO）对噪声与抖动有积累作用，易受干扰；DLL 不使用 VCO，对噪声无累积作用，可抑制噪声，且在工艺、电压和温度（PVT）变化时工作较稳定。另外，模拟 PLL 更容易受辐照的影响。因此，FPGA 中更倾向于用纯数字构成的 DLL 调整时钟偏差。本设计采用 DLL 完成消除时钟网络引起的时钟偏差。

传统的 DLL 原理如图 4.16 所示，电路包含压控延迟线（VCDL）、鉴相器、电荷泵、滤波器。VCDL 由参考时钟驱动，它只利用末级输出时钟与参考时钟进行相位比较，产生输出误差电压，再由电荷泵累加、滤波器滤波后产生 VCDL 的控制电压，由此调整延时，将输出时钟与参考时钟相位对齐。正确锁定时 VCDL 的总延时为参考时钟的一个周期。这种架构本质上是属于模拟方式实现的 DLL，其设计和调试比较复杂。

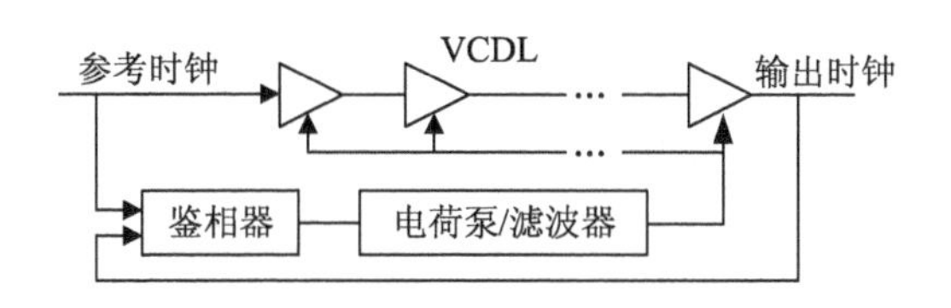

图 4.16 传统的 DLL 原理框图

(2) 快速锁定 DLL 时钟分布网络

本节采用一种简洁的数字 DLL 设计方案，图 4.17 给出了 DLL 的实现原理。DLL 可以消除外部时钟输入引脚和内部器件时钟输入端的信号偏差。由于时钟线的分布具有一定的负载，时钟信号到达内部器件的时间可能与外部输入有偏差而造成时钟不同步的现象。这个时钟的偏差会对整个系统的性能产生影响。DLL 监控外部输入时钟和内部分布的时钟，并自动调整时钟延时参数，通过对输入时钟补偿延时，使时钟沿到达内部触发器的时间正好是这个时钟沿到达输入引脚的一个时钟周期之后。如图 4.17 所示，外部输入时钟 GCLK 通过 DLL 后经过器件内部的时钟分布网络到达内部触发器。在 DLL 对输入时钟进行调整前，由于分布网络具有一定的负载，输入时钟 GCLK 与内部分布时钟 FBCLK 间有一个偏差 T_D。DLL 监控外部输入时钟 GCLK 和内部分布时钟 FBCLK。全局时钟在进入 FPGA 的时钟分布网络后产生 T_D 的时钟延时，要使得内部时钟与 PAD 上的时钟取得同步，我们使用 DLL 延迟线将 FBCLK 再延时 T_M 来达到同步的目的。通过对输入时钟增加补偿延时 T_M，使时钟信号通过 DLL 和时钟分布网络后延时正好为一个时钟周期，这样就消除了两个时钟间的偏差。

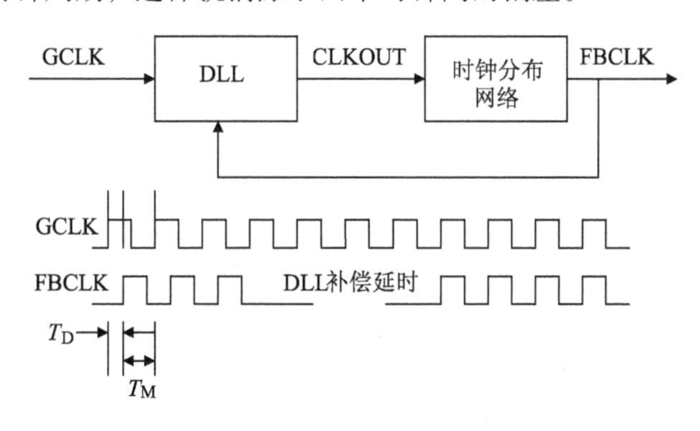

图 4.17 DLL 系统框图及工作时序简图

① DLL 的 T_M 检测原理。

为检测 T_M，本书采用图 4.18 的设计思路。当 C_0，即为 GCLK 经过时钟网络后的 FBCLK 的上升沿到达后，经过延迟单元（Delay_cell）延迟，C_1、C_2、…、C_n 处的电平将逐级升高。此时，若在 GCLK 的下一个时钟上跳沿 Reg_en 跳变为高，这时三态门使能，锁存器组（Registers）将锁存此时的 C_0、C_1、C_2、…、C_n。这些信号就包括了 T_M 的时间信息，译码部分（DECODER）将根据这些 T_M 信息，配置合适的时钟多路选择，在 FBCLK 插入相应的 T_M 延时，从而获得同步的时钟。在 Dec_en 信号使能译码后的一定时钟周期，DLL 将会给出相应的高电平锁定信号 LOCKED。

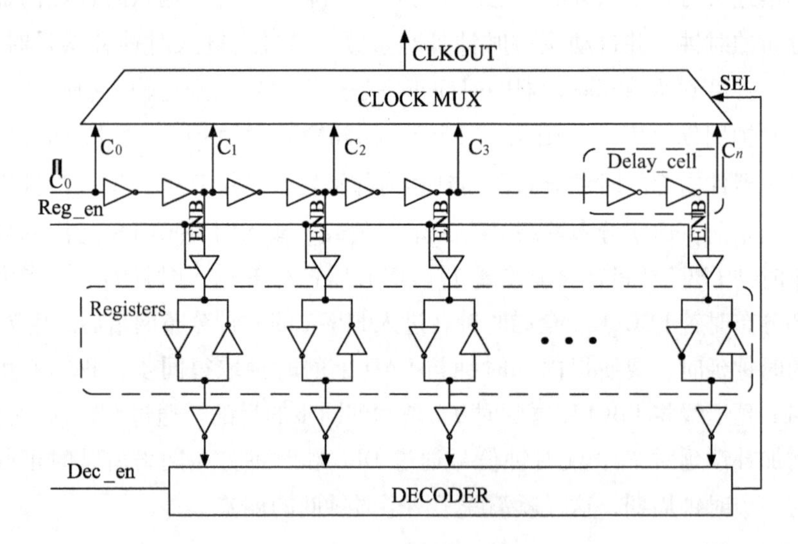

图 4.18　T_M 检测原理

② 延迟单元设计。

DLL 设计中，采用了简单的反相器实现基本的时钟延迟单元。我们将两个反相器串联组成一个缓冲，设计相应的宽长比，使得设计的基本单元的延迟为 0.14 ns。在延迟单元的设计中，为保证相应延迟单元的延迟稳定，延迟单元反相器采用单独的稳定供电。

延迟单元的供电电源结构 DLL_POWER（DLL 电压产生原理）如图 4.19 所示，其中利用了电压比较器，将输出电压 PBVDD 进行电阻分压后与基准电压 1.24 V 进行比较，完成对输出电压 PBVDD 的反馈锁定。其输出电压用于给延迟线提供稳定的电压。设计中基准电压直接采用图 4.6 中的基准电压，使得输出 PBVDD 电压保持在 2.07 V。当电源电压从 2 V 变化到 3 V 时，输出电压的变化影响不大，仿真结果见图 4.20，这有效保证了延迟单元延迟的稳定性。

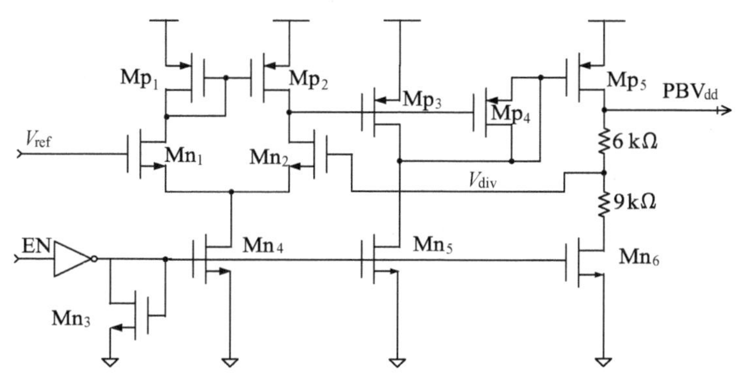

图 4.19　DLL 电压产生原理图

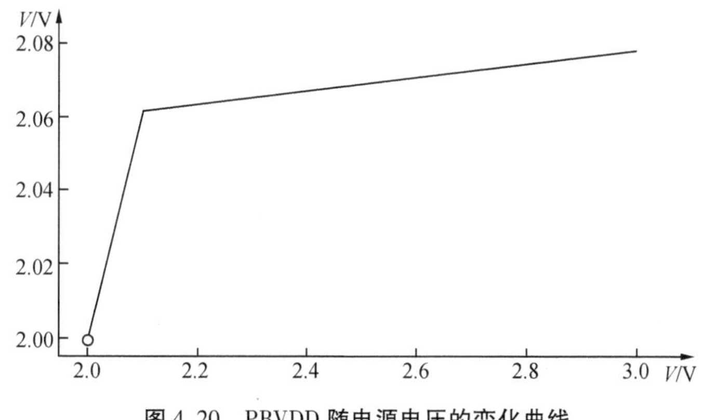

图 4.20　PBVDD 随电源电压的变化曲线

③ DLL 单元功能前仿真。

图 4.21 给出了具体实现的 DLL 原理框图，设计的数字延迟锁定环路 DLL 电路能在实现时钟同步管理的同时，可以实现频率的倍数改变和时钟的相位改变。DLL 模块内部的 SRAM 单元通过外部输入的配置数据完成配置，LOCKED 为高时锁定输出。

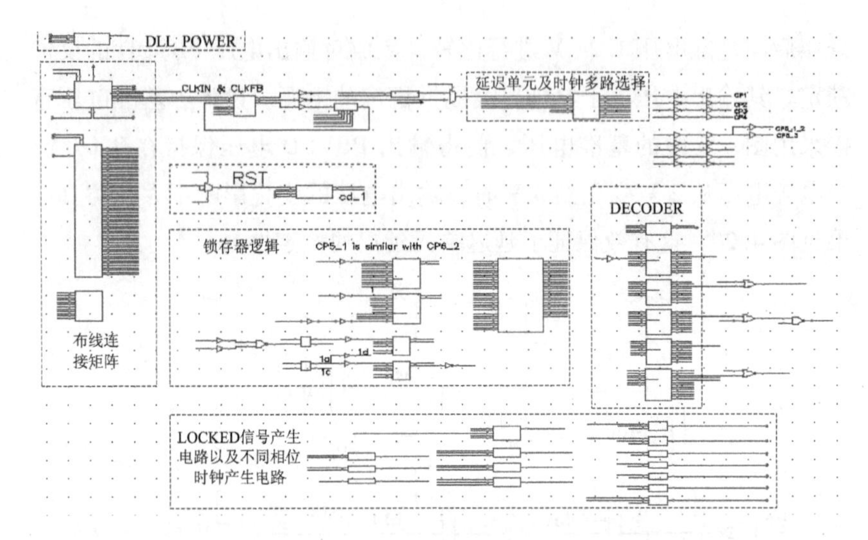

图 4.21　DLL 模块内部结构

根据不同的配置情况，CLKDV 可选择的分频有 2（基本分频）、1.5、2.5、3、4、5、8、16 分频，具体情况见表 4.3。

表 4.3　DLL 端口对应频率输出

端口名称	输出情况
CLK0	频率不变，相位不变
CLK90	频率不变，相位改变 25%
CLK180	频率不变，相位改变 50%
CLK270	频率不变，相位改变 75%
CLK2X	频率变为 2 倍，相位不变
CLK2X90	频率变为 2 倍，相位改变 25%
CLKDV	周期变化为相应倍数，相位不变
LOCKED	为低时写入，为高时锁定

时钟分频输出提供一个比输入时钟频率低的时钟，用户可以通过更改 DLL 属性的 CLKDV_DIVIDE 的值来获得需要的分频信号。不论输入时钟的占空比如何，CLKDV 输出会自动调整为 50/50 的占空比。

图 4.22 给出了时钟分频分别为 1.5、2、2.5、3、4、5、8、16 时，CLKDV 的 Verilog-XL 的仿真输出波形，P151 为外部输入时钟。

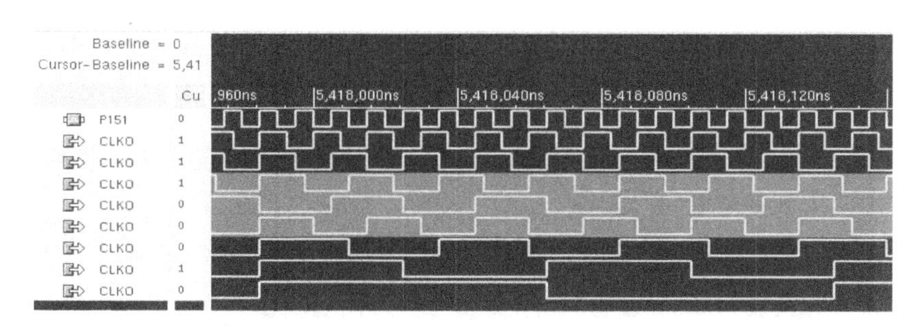

图 4. 22　CLKDV 输出仿真波形

利用 Hsim 仿真，2 分频的对应输出与仿真情况如图 4. 23 所示。

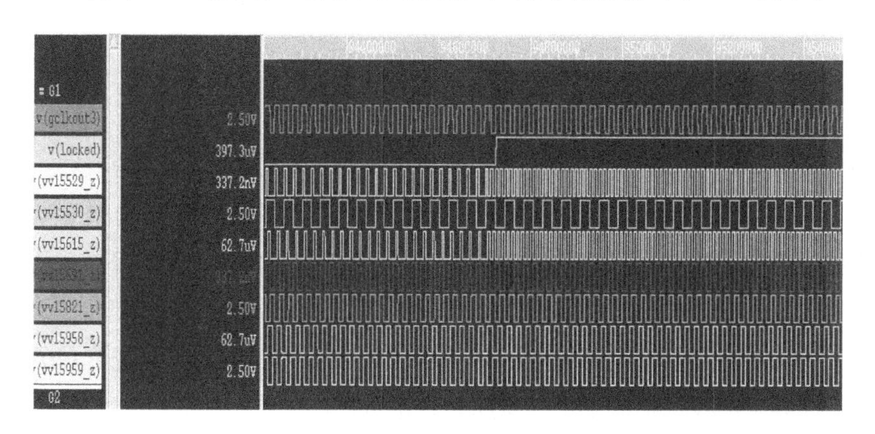

图 4. 23　DLL 的仿真波形（以 2 分频为例）

一倍时钟（1x）输出 CLK0 为外部输入时钟源（CLKIN）经过 DLL 延时补偿后的输出。DLL 同时提供 3 个相位输出 CLK90、CLK180、CLK270。

相位偏移与周期的关系见表 4. 4。

表 4. 4　相位偏移与周期的关系

相位偏移/(°)	周期偏移/%
0	0
90	25
180	50
270	75

图 4. 24 为锁定后的各个 1x 时钟输出 Verilog-XL 仿真波形，P151 为外部输入时钟信号。

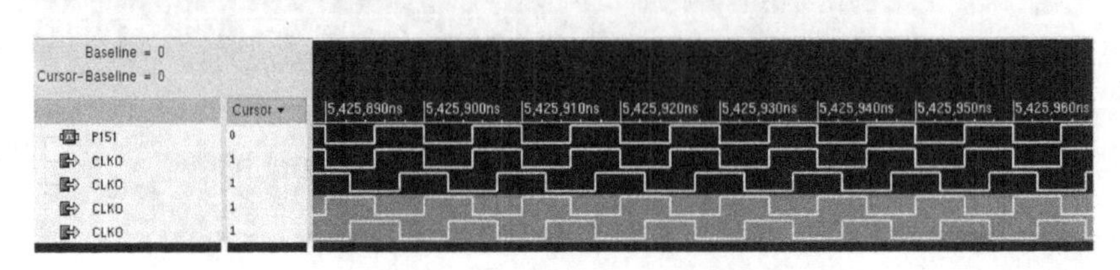

图 4. 24　CLK1x 输出仿真波形

§4. 3　本章小结

本章利用压控电压源电路模型实现蝶形图到噪声容限的数学转化，建立了噪声容限的电路仿真模型。根据六管结构 FPGA 配置单元的应用条件，构造了最坏情况下的仿真模型，分析得出 FPGA 配置单元静态噪声容限随电源电压单调递增的关系，为提高 FPGA 配置单元噪声容限的设计提供了设计思路和理论依据。

针对 FPGA 配置单元静态噪声容限随电源电压单调递增的关系，本章又进一步提出并实现了由基准、电荷泵和比较器组成的反馈控制供电结构，用于配置单元的全局供电，提高了 FPGA 单元噪声容限并实现了低压下配置信息的维持。实际的仿真和测试结果表明，利用此新结构，2.5 V 工作电压的配置单元，能在 1. 8 V 下可靠地保持配置信息，并在低压下仍具备较高的静态噪声容限。

本章还提出并实现了一种稳定的层次化时钟网络，设计中利用全数字 DLL，将芯片内部时钟信号与外面的输入时钟信号进行快速锁定，有效消除了时钟网络的时钟偏差。

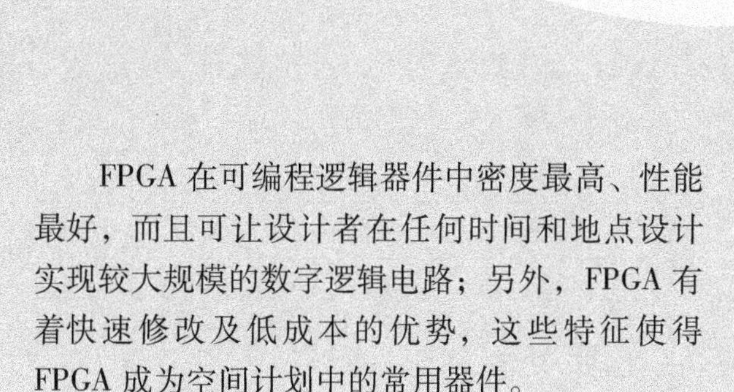

第5章 FPGA的抗辐照加固设计

FPGA 在可编程逻辑器件中密度最高、性能最好，而且可让设计者在任何时间和地点设计实现较大规模的数字逻辑电路；另外，FPGA 有着快速修改及低成本的优势，这些特征使得 FPGA 成为空间计划中的常用器件。

在太空等恶劣环境中的数字集成电路，处于辐照环境下，会出现在绝缘层（主要是氧化层）累积形成氧化物陷阱电荷和界面电荷的现象。这种累积效应会引起器件阈值电压的漂移、迁移率下降、漏电流的增加等半导体器件性能退化。这种效应称为总剂量（TID）效应。

另外，在辐照环境中的数字电路都会受到单粒子翻转的威胁。随着集成电路工艺技术的发展，晶体管尺寸越来越小，电路中表征电平的电量也随之减小，导致数字集成电路越来越容易受辐照的影响。即使在传统上并不认为有辐照的环境中，依然存在发生单粒子翻转的可能。

本章主要从电路、版图、工艺等角度研究 FPGA 的抗辐照加固技术。

§ 5.1　辐照原理

在太空环境中，辐照主要由太阳活动引起的各种粒子组成。粒子主要分为两类：一种是电子、质子、重粒子之类的带电粒子；另一种是电磁辐射，包括 X 射线、γ 射线和紫外线。主要对辐射有影响的粒子是在范艾伦辐射带中的质子和电子、重离子、高能宇宙射线及太阳风。带电粒子和硅原子相互作用，引起原子、电子的激发和电离[19]。

当一个粒子撞击硅时，以产生电子-空穴对的形式丢失能量，这导致在撞击过程中产生较高密度的电离轨迹。电离会产生电荷积累，这种效应可以用瞬态电流脉冲来模拟，这个瞬态电流脉冲可被解释成信号的注入。不同的辐照源有着不同的电荷积累波形，同时波形也受入射粒子的打击点、角度及工艺掺杂的影响。电流的积累常用双指数电流脉冲来模拟：

$$I_p(t)=I_0(\mathrm{e}^{-t/\tau_\alpha}-\mathrm{e}^{-t/\tau_\beta})$$

式中，I_0 是最大电荷收集电流，τ_α 是结的电荷收集时间常数，τ_β 是建立初始电离轨道的时间常数。图 5.1 给出了一个常见的由带电粒子撞击形成的瞬态电流脉冲图形，其中 τ_α 远大于 τ_β。

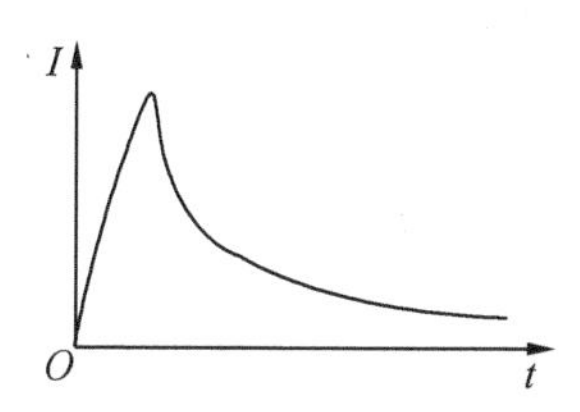

图 5.1　带电粒子撞击形成的瞬态电流脉冲

材料受辐照后的影响通过粒子通量（Flux）和能量来表征。粒子通量定义为每平方厘米的面积中单位时间内通过的粒子数量，单位为 $1/(\mathrm{s}\cdot\mathrm{cm}^2)$。对通量进行时间积分，可以计算粒子的流量。由带电粒子引起的能量淀积用 rad 来衡量，衡量粒子的能量强度单位是 J/s，每

rad 对应在 1 cm^3 硅中产生 4×10^{13} 电子–空穴对。

而粒子丢失能量的速率采用 dE/dx 来表示，dE 以 MeV 作为单位，材料的厚度 dx 通常用质量厚度来衡量，单位是 mg/cm^3。由带电粒子转换到器件上的能量称为线性能量转移值（LET），表示每单位质量厚度的能量增量，单位为 $MeV/(mg/cm^2)$。将能引起单粒子翻转（SEU）的最小 LET 称为 LET 阈值，用 LETth 来表示。

SEU 必须在 LET≥LETth 的条件下发生，且由材料的物理特性决定。知道了有多少粒子打到器件上后，通过计数单粒子引起的翻转数量，我们可以计算特定粒子引起的单粒子翻转概率。现定义一个中间量辐照截面（σ）：

$$\sigma=\frac{\text{翻转数目}}{\text{单位面积入射粒子数}}$$

其为用单粒子翻转的数量除以引起翻转时每平方厘米上通过的粒子数，这个量表达了器件的单粒子翻转情况，给出 σ 和 LET 的函数关系就完全表达了器件的抗 SEU 能力。

图 5.2 是一个典型的 σ 和 LET 的函数关系图，从图中的曲线可以分析得出，当粒子的 LET 低于 25 $MeV/(mg/cm^2)$ 时没有单粒子翻转发生；当粒子的 LET 为 25 $MeV/(mg/cm^2)$ 时，需要有 10 000 000 个粒子打到电路的敏感区域才能引起一个单粒子翻转。而对于 50 $MeV/(mg/cm^2)$ 的粒子，每秒需要 10 000 个粒子才能引起一个单粒子翻转。

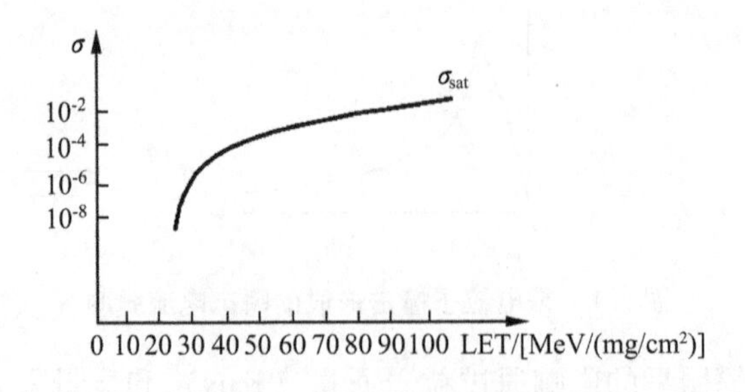

图 5.2　单粒子效应截面与 LET 的典型关系

本质上来讲，FPGA 的辐照效应和其他基于 CMOS 的数字集成电路是一致的。CMOS 电路的辐照机理已经得到了广泛的研究。在辐照环境中，周围的能量粒子会渗透到芯片内部，并发生电离辐射，在能量粒子的运动轨迹上产生一定数目的电子-空穴对。这些由单个能量粒子电离辐射而产生的电子-空穴对有可能在电场的作用下被电路的内部结点吸收，使电路产生异常。CMOS 器件受辐照后的影响可分为电离辐射总剂量（TID）效应及单粒子效应（SEE）。

在 CMOS 工艺中，氧化层主要包括栅氧化层和场氧化层。栅氧化层相对较薄，常称为薄氧层；场氧化层相对较厚，称为厚氧化层。随着工艺的进步，栅氧化层越来越薄，TID 效应对栅氧化层的影响已经减小到可以忽略的程度，主要问题转为辐照后形成的寄生通路漏电。寄生通路漏电主要指与 N 型晶体管相关的漏电，表现为形成了一个开启的寄生 NMOS 管。由于 TID 效应，氧化层会积累和厚度正相关的正电荷，场氧化层中积累的电荷要比栅氧化层中积累得多。漏电通路主要有两种：一种是同一器件的多晶硅栅在有源区和场区的交界处的源和漏之间的边缘漏电；另一种是不同器件的 N 型区之间存在的漏电。由于源漏间的漏电路径较短，其在总剂量效应中的影响更大。

单粒子效应主要包括单粒子翻转（SEU）、单粒子闭锁（SEL）、单粒子烧毁（SEB）、单粒子栅穿（SEGR）、单粒子多位翻转（MBU）、单粒子扰动（SED）、单粒子瞬态脉冲（SET）、单粒子快速反向（SES）、单粒子功能中断（SEFI）、单粒子位移损伤（SPDD）、单个位硬错误（SHE）。单粒子翻转主要发生在存储器件和逻辑电路中，具体过程是重离子运动轨迹周围产生的电荷被灵敏电极收集，形成瞬态电流，触发逻辑电路，导致逻辑状态翻转。单粒子翻转在单粒子效应中最为显著。

§5.2 FPGA 的抗辐照冗余设计流程

FPGA 的冗余设计有两种途径。一种是在 FPGA 中设计抗辐照加固的器件单元，这些新设计的单元用于替换原有的单元，而整体的

FPGA 的拓扑结构可以不变或者重新开发以提高 FPGA 的健壮性。从开发时间、投入的人力及工艺难度来看，这种方法的代价较高。另一种方法是在 FPGA 的应用层面设计冗余的电路结构，如三模冗余(TMR)、增加纠错电路或者利用重配置的时间冗余技术。具体的设计流程因方法不同而分为 A、B、C、D 四种，如图 5.3 所示。方法 A、B 是从芯片设计的层面入手，而 C、D 是从应用角度的层面入手。其中设计的代价以 B 为最高，C 和 D 较低。

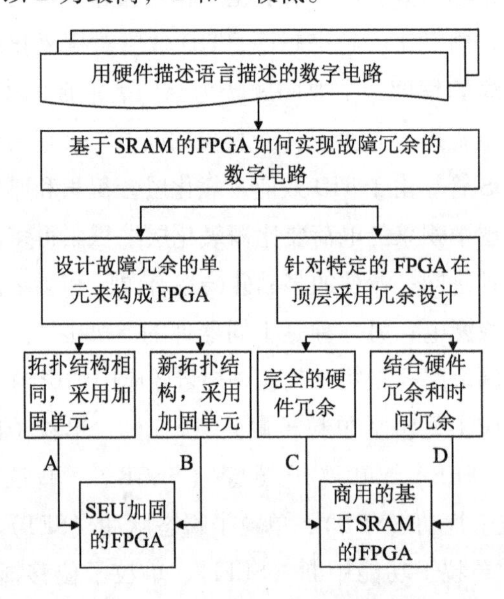

图 5.3　基于 SRAM 的 FPGA 的抗辐照加固设计流程

考虑到芯片的兼容性及在一些应用中无法利用 TMR 等技术，这里主要采用方法 A 来设计抗辐照加固的器件单元，并从版图、工艺及电路的角度分别进行总剂量和单粒子翻转的加固设计。

§5.3　总剂量加固技术

在电离辐射总剂量效应中，场氧化层中积累电荷是引发寄生漏电流的主要因素。在具体的加固设计中，主要针对场区进行电离辐照的加固设计，主要是从版图和工艺两个方面入手。寄生漏电主要指的是与 N 型晶体管相关的漏电。由于总剂量效应，在氧化层中积累了一定数量的正电荷，这些正电荷在氧化层和 P 型衬底间形成电场，导致 P 型衬底趋于反型。当反型的区域与两个 N^+ 注入区域相连时，将在这些 N^+ 区间形成漏电通路。总剂量加固主要针对 NMOS 管相关的场区。

5.3.1 版图加固设计技术

消除场区边缘辐照寄生漏电的方法之一是避开场区，使电路中 MOS 器件不存在场区边缘，这是从版图设计方面实现场区加固的主要思想。场区加固的主要方法包括环形栅、加 P^+ 保护环、H 结构，以及一种有效的双边缘加固结构。

如图 5.4(a)所示是环形栅加固，其栅包围器件的漏区，避开了场区，这样栅和漏区没有场氧，可以完全消除 MOS 器件的场区边缘辐射寄生漏电，此时器件的抗辐照能力仅由栅氧化层决定。此结构的缺点是占用面积大，难以设计小器件而且不容易布线。

如图 5.4(b)所示是 P^+ 保护环加固结构，其中栅电极覆盖到 P^+ 保护环上，栅覆盖的区域均为栅氧化层区。与环形栅相同，器件的抗辐照能力将由栅氧化层的抗辐照能力决定。此结构的缺点是保护环占用大量的芯片面积并增加寄生电容。

如图 5.4(c)所示是 H 结构加固，此结构中 NMOS 的有源区大于 N^+ 注入区，这使得在 N^+ 和场区之间留下 P 型的条形区域，此条形区域上为薄的栅氧化层。由于场区隔离失效主要来自场区边缘辐照寄生漏电，H 结构利用栅氧化层抗辐照性能好、易于加固的特点，使多晶硅覆盖下的薄氧化层区的硅表面不反型，达到切断场区边缘辐照寄生沟道与源漏 N^+ 区之间通路的目的。但 H 结构仍增加芯片面积，并且其漏电比环形栅和 P^+ 保护环稍大。

如图 5.4(d)所示是一种双边缘加固结构，与 H 结构的原理相同，其 NMOS 的有源区大于 N^+ 注入区。其版图结构包括衬底、有源区、注入区、栅，在衬底上形成有源区和注入区，有源区和注入区的重叠区域形成源区和漏区，栅采用两边超出有源区的双边缘结构，并将源区和漏区分开，注入区在有源区的内部，保证源漏之间存在薄氧化物，消除了源区和漏区之间由厚氧化物构成的漏电通路。此结构的缺点是占用面积大。

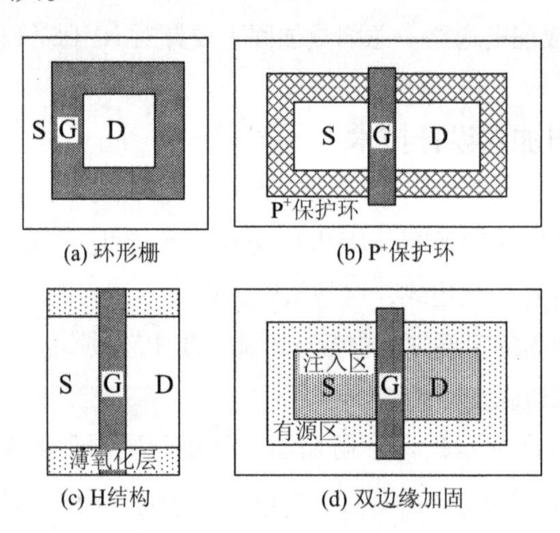

图 5.4 几种常用的加固结构

综合上面几种结构的优缺点，我们在加固设计中采用大头栅的结构，示意图如图 5.5 所示。图中栅为中间小两头大的哑铃形状。大头栅加固的基本原则也是隔断源漏间通过场氧的漏电通路。两个大头有效加大了源漏间场氧积累电荷导致的漏电路径；另外，在两头中各有一个矩形有源区，使得两头边界的栅下为薄氧化层，进一步减弱了总剂量效应。相比于 H 结构，大头栅结构具有面积效率高的优势。但大头栅结构不规则，参数提取时需要额外分析测定器件的宽长比、源漏周长和面积等参数。

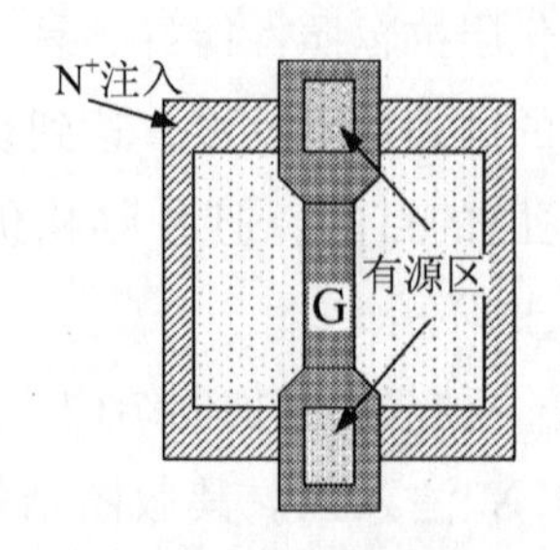

图 5.5 大头栅加固结构示意图

5.3.2 大头栅器件版图参数提取

在电路设计时通常需要对所设计的版图进行参数提取，其目的是：① 从版图上提取器件类型及宽长比信息，用于和电路原理图进行LVS的对比，保证电路和版图的一致性；② 将实际版图中所存在的可能对电路性能有影响的源漏区面积、周长等参数提取出来，用于电路的后仿真。

（1）常规器件版图参数提取方法

对于常规的直栅晶体管版图，商用的工艺厂都提供版图参数的提取规则，具体的提取方法流程如图5.6所示。其提取方法分为器件宽长比参数提取、源区与漏区的面积及周长参数提取。先进行器件栅长的提取，然后根据器件的栅区面积和栅长的商得到器件的栅宽，进而得到器件的宽长比；源、漏区的周长公式为

（源/漏区面积÷器件栅宽+器件宽度）×2

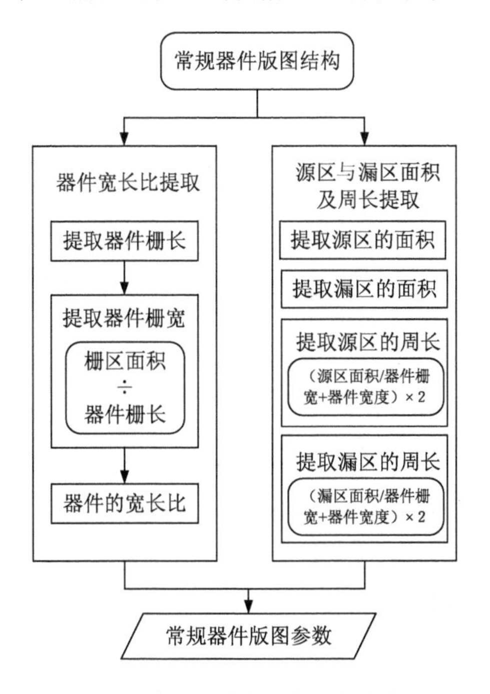

图5.6 常规器件版图参数提取方法

(2) 大头栅器件版图参数提取技术

大头栅器件的栅区为不规则的形状，对于这种器件的特殊版图结构，已经不能采用常规的版图参数提取方法。对大头栅器件宽长比参数提取的步骤为：① 对大头栅器件的栅部分进行分段，分段过程中利用辅助层将不规则部分提出单独计算；② 计算得到每段栅的等效宽长比；③ 将等效宽长比相加作为大头栅的总宽长比。

面积的提取采用常规器件的提取方法，在大头栅器件周长参数提取时主要通过提取源、漏区与栅区的交线长度加上源、漏区与场氧区的交线长度。具体的提取方法流程见图 5.7。在实际的设计中，按照此方法流程提取参数后进行后仿真，其与流片后的实测结果相吻合。

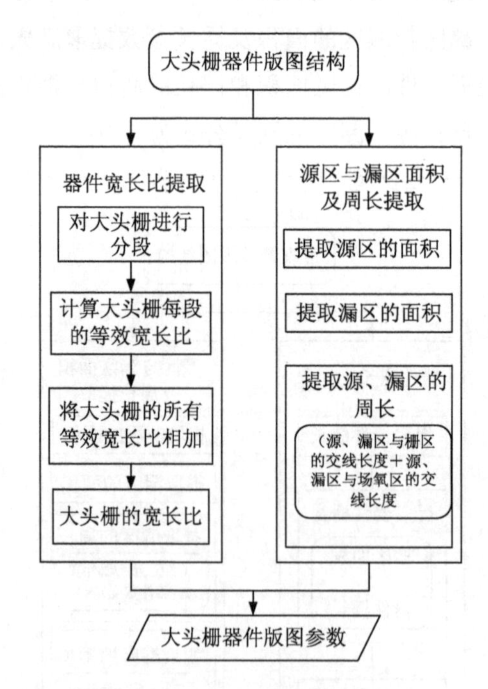

图 5.7　**大头栅器件版图参数提取方法**

5.3.3　工艺加固

场区电离辐照加固的另一途径是从电路生产工艺入手，采用 SOI

工艺可以大大提高电路的抗总剂量能力。我们设计的电路采用体硅工艺，更多地考虑在体硅工艺中如何提高场区本身的抗辐照能力。场区加固有两种方法：一是提高 P 型硅表面掺杂浓度；二是对场区介质本身进行加固。方法一中提高 P 型硅表面掺杂浓度，会附带降低器件的击穿电压。为保持 NMOS 的击穿电压，调节掺杂浓度时要在一定范围内进行。对场区介质本身的加固技术主要有 4 种：减小场氧化层厚度，改变热生长氧化层的工艺条件，对场氧化层进行离子注入掺杂，采用抗电离辐照的多层介质膜替代热生长氧化层。

针对代工厂提供的工艺，主要选择提高 P 型硅表面掺杂浓度，对场氧区和 N^+注入区进行硼的注入，研究不同注入浓度下的抗辐照性能。测试结果表明，提高 P 型硅表面掺杂浓度对提高抗辐照性能有较好的效果。

5.3.4 加固后的实验结果

研究总剂量效应最为常见的手段是测试辐照后的芯片的电源电流（I_{cc}）。图 5.8 是国外 30 万门 FPGA 芯片 XQVR300 在不同剂量率下的总剂量效应的实验图，国外对比芯片的失效拐点在 75 krad，其在 100 krad 时电源电流增大 60%。

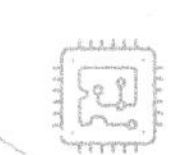

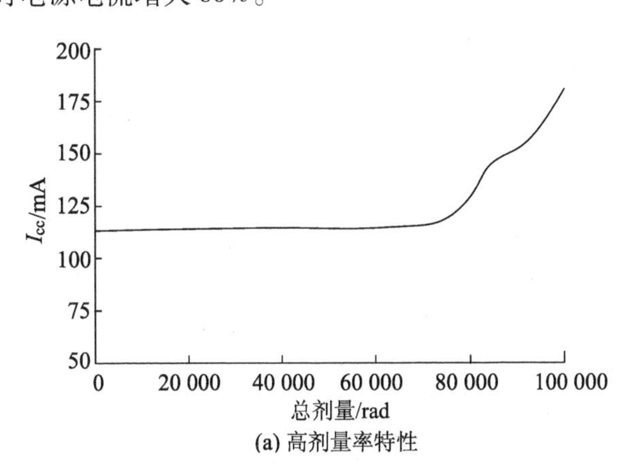

(a) 高剂量率特性

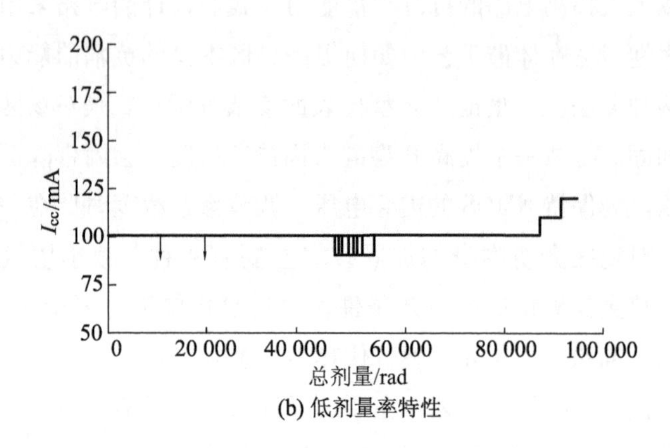

(b) 低剂量率特性

图 5.8　总剂量实验结果

该设计对电路进行了版图加固，并进行了相应的工艺加固，测试在室温下进行，采用钴 60 γ 射线源，剂量率为 0.1 rad/s。其中设计一的拐点在 70 krad，100 krad 时电源电流变化 100%。而设计二的拐点在 90 krad，100 krad 时电流变化 20%。各方面的测试结果表明，采用的加固技术是有效的。

§5.4　单粒子翻转加固技术

组合电路不存在反馈信号，即使有结点发生单粒子翻转（实验表明单粒子翻转的持续时间在 1 ns 内），当单粒子翻转效应结束后，组合电路也能恢复原来的电平。所以组合电路在大多数的用途中，并不需要考虑单粒子翻转效应。当然在某些特殊情况下，即使出现 1 ns 的辐射脉冲信号，也会影响电路功能。在这种情况下，组合电路就要进行单粒子加固设计。目前，随着集成电路工艺特征尺寸的进一步减小，要求组合电路也具有一定的抗单粒子翻转能力。时序器件、存储器件内部都包含反馈。可以想象，如果结点发生了单粒子翻转，通过反馈线，电路有可能会锁住该结点发生单粒子翻转后的电平。所以相对而言，存储器件、时序器件对单粒子翻转效应更加敏感。因此，在数字电路中要对这两种器件进行单粒子加固设计。

基于 SRAM 的 FPGA 中存在大量控制开关的配置寄存器、时序触发器，在电路设计方面主要考虑 SRAM 寄存器、触发器的单粒子加固技术。

5.4.1 SRAM 的抗单粒子翻转设计原理

最初的抗单粒子翻转存储器结构都采用电阻反馈加固的设计方法，图 5.9 为这种结构的晶体管级原理图。设计中引入一个电阻创建了一条反馈通道，和栅电容相接形成一个低通滤波器来克服单粒子翻转效应。为了有效避免单粒子撞击引起的状态改变，设计的 RC 时间常数一定要保持在纳秒数量级上。这种方法被证明是最有效的，能够耐线性能量转移值大于 45 MeV · cm^2/mg，被广泛应用于电路加固设计中。

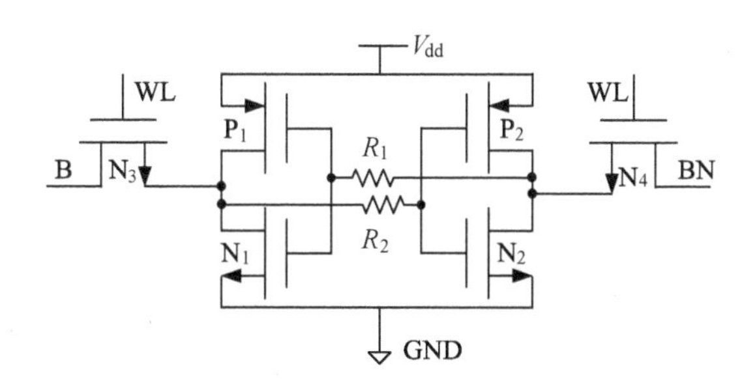

图 5.9　电阻反馈加固的 SRAM 单元

但是这种有意引入的延时，影响了存储单元在正常运行状况下的性能，而且电阻反馈加固的方法需要在常规的工艺流程中增加工艺步骤。我们希望既能利用当前的商业工艺技术和当代标准 CMOS 工艺兼容，又不需要附加工艺步骤，以便降低成本，增强可靠性。在逻辑/电路级设计加固，能够确保抗单粒子翻转，主要优点是可以和标准 CMOS 工艺完全兼容。

电路加固设计方法的基本原则是：① 将信息存储在不同的地方，

提供冗余的存储状态，在单粒子事件后，以保持有不被破坏的源数据。② 在单粒子事件后，没有被破坏的源数据存储点通过一定的状态恢复反馈，进而恢复被破坏的数据。

图 5. 10 为采用电路级加固存储单元的通用模块原理图，在设计的 SEU 加固存储单元中应用了两条基本原则。第一，在电路发生 SEU 后，存储器电路中有一个冗余状态保存没有被破坏的源数据。这可以用两个特定设计的锁存块实现 Latch1 和 Latch2，且存储数据相同。第二，没有被破坏的存储块提供特定的状态恢复反馈，恢复被破坏的数据。

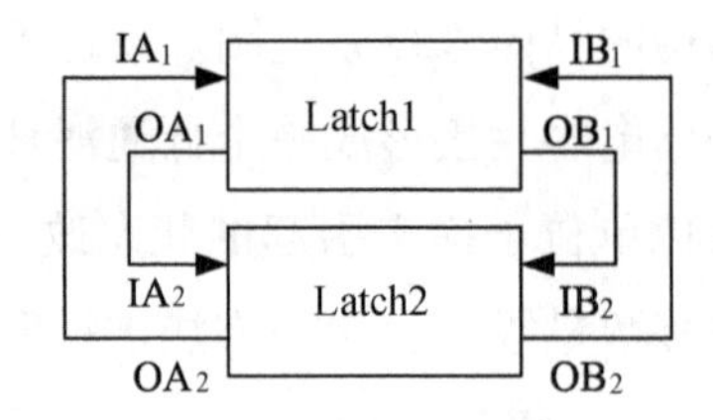

图 5. 10 加固存取单元的通用模块原理图

5. 4. 2 加固设计的双互锁存储单元（DICE）

本书采用双互锁存储单元（Dual Interlocked Storage Cell, DICE）来对电路进行加固设计。这种单元能获得良好的抗单粒子翻转效应，并且在晶体管尺寸上没有特定的要求，因此也不会因为晶体管尺寸比例的设计引起对总剂量的敏感。这个单元可用于代替分布在 CMOS ASIC 中的锁存器和触发器，也可以作为加固的 SRAM。

在 DICE 单元的架构设计中，完全采用单管反相器构成反馈环，获得一个和其他结构相比具有较小面积的锁存结构。加固存储单元的设计中采用了四结点冗余锁存。DICE 存取单元原理图如图 5. 11 所示。

图 5. 11 中，N、P 分别代表 N 型和 P 型单管反相器，其中采用了两个传统的交叉耦合的反相锁存结构 N_0-P_1 和 N_2-P_3 及两个双向连接反馈反相器结构 N_1-P_2 和 N_3-P_0。4 个结点 X_0 ~X_3 存储了两对互补的

数据（如 1010 或 0101），可以通过传输门同时完成读/写操作。

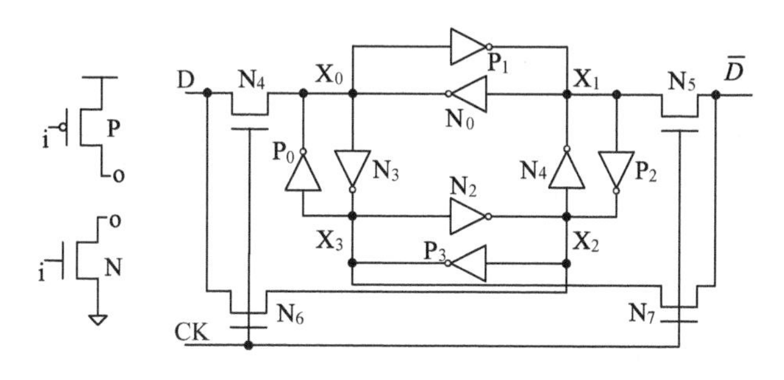

图 5.11　DICE 存取单元原理图

如图 5.11 所示的单元结点中有 4 个结点存储逻辑状态，其中每个结点的状态都由相邻的对角结点控制，而这对角的结点并不相互联系，它们的状态也由其他相邻的对角结点控制。结点 X_i（$i=0,\cdots,3$）通过晶体管 N_{i-1}和 P_{i+1}互补反馈控制相应对角上互补的两个结点 X_{i-1} 和 X_{i+1}（i 是以 4 为模的 1 位整数）。这里的反相器用的都是单管反相器。原理图中的反相器符号表示 NMOS 或 PMOS 晶体管。其中存在着一个顺时针的 PMOS 晶体管环 $P_0P_1P_2P_3$ 和一个逆时针的 NMOS 晶体管环 $N_3N_2N_1N_0$。如果把 $X_0 \sim X_3=0101$ 作为逻辑状态 0，则有 N_0-P_1 和 N_2-P_3 形成的横向反相器环导通，形成两个锁存器，在结点 X_0-X_1 和 X_2-X_3 上存储了同样的数据。晶体管 N_1-P_2 和 N_3-P_0 的垂直方向的反相器处于关闭状态，起到一个反馈互锁功能，隔离两个横向的锁存器。对于逻辑状态为 1 的情况，$X_0 \sim X_3=1010$，垂直方向的反相器对 N_1-P_2、N_3-P_0 导通，同样起到锁存作用。横向的晶体管对 N_0-P_1、N_2-P_3 关闭，起到反馈互锁功能，隔离两个垂直方向的锁存器。

晶体管级的 DICE 存储单元原理图如图 5.12 所示。当一个负的翻转脉冲出现在任意一个敏感结点 X_i（$i=0,\cdots,3$）时，都会通过 PMOS 管 P_{i+1}在结点 X_{i+1}上产生一个正的脉冲扰动，但是不会影响存储在结点 X_{i-1}和 X_{i+1}上的存储状态。因为结点 X_i 的负翻转脉冲将会锁住反馈 MOS 管 N_{i-1}。传输到结点 X_{i+1}的正脉冲扰动不会通过晶体管 P_{i+2}进一步传输。结点 X_{i-1} 和 X_{i+2} 被隔离，保持逻辑状态不受影响。因此逻辑状态的扰动仅仅在暂时结点 X_i 和 X_{i+1} 上引起变化。这种扰动在单粒子事件之后很快就会消除，因为其他两个结点 X_{i-1} 和 X_{i+1} 的状态通过MOS 管 P_i 和 N_{i+1} 强迫反馈控制翻转点的状态。

对于正的瞬态扰动脉冲也可以做类似的分析。结点 X_i 的正向扰动将通过 MOS 管 N_{i-1} 影响结点 X_{i-1} 的状态，结点 X_{i+1}、X_{i+2} 的状态由于电容的电荷保持效应而维持原来的逻辑状态，将分别通过晶体管 N_i 和 P_{i-1} 为扰动结点恢复正确的逻辑状态。单粒子仿真波形如图 5.13 所示，图中的 Q_1 和 Q_4 分别对应于 X_0 和 X_4。

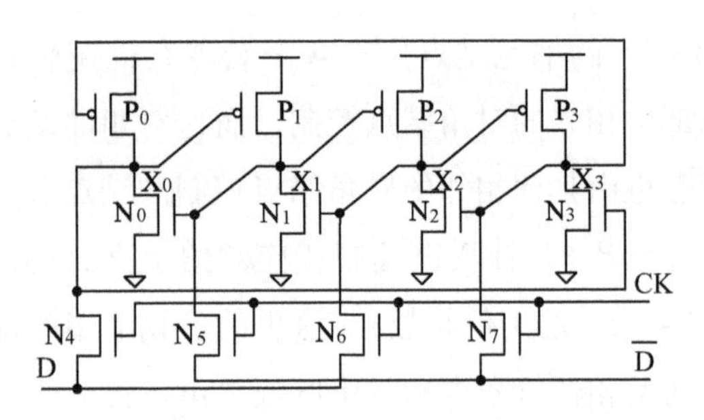

图 5.12　晶体管级的 DICE 存储单元原理图

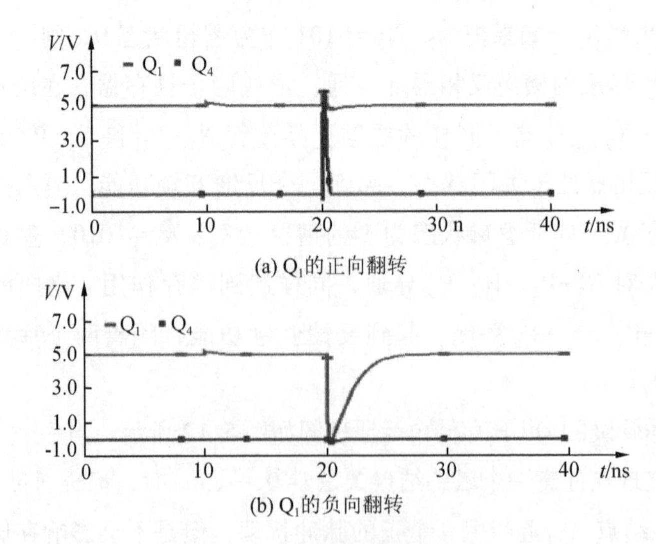

图 5.13　单粒子仿真波形

如果存储单元中存储同样逻辑状态的结点（如 X_0-X_2 或 X_2-X_3）

同时受到单粒子的轰击而引起两个敏感结点同时翻转，单元存储的逻辑状态将发生翻转，单元将失去抗单粒子翻转的能力。所以在具体设计 DICE 单元的版图时，应该注意将相同状态的敏感结点间隔开，使其具有非常低的同时翻转的概率。

5.4.3 DICE 单元的版图设计

在 SRAM 单元的设计中，本书采用了 DICE 结构。在版图设计时，需要注意将 DICE 结构中的两个相同电平存储点 X_0 与 X_2、X_1 与 X_3（图 5.12）在版图的物理位置上分离放置，防止两个电平存储点同时发生 SEU 翻转。另外，DICE 结构中的 NMOS 管采用大头栅的版图（图 5.14），以加强抗电离总剂量的能力。

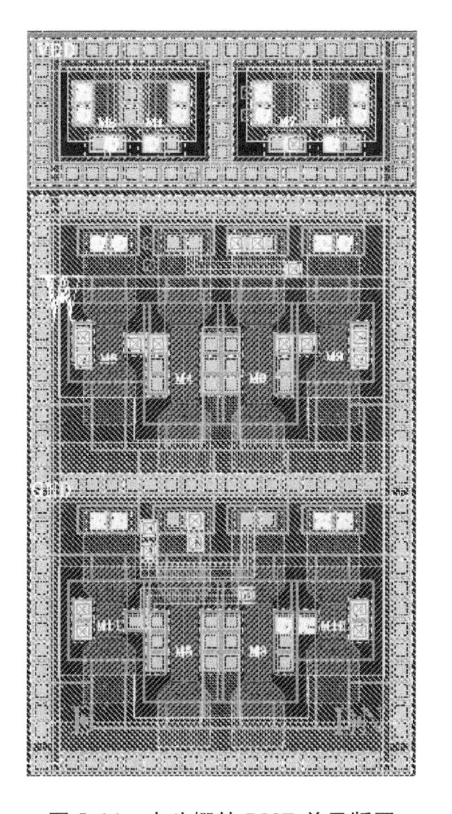

图 5.14　大头栅的 DICE 单元版图

取 PMOS 管宽长比为 1 μm/0. 6 μm，NMOS 管宽长比为 2. 4 μm/0. 6 μm，访问 NMOS 管宽长比为 1. 4 μm/0. 6 μm，单个单元面积为 18. 6 μm×9. 2 μm，通过提取版图参数，采用 HSPICE 仿真得到的噪声容限（SNM）结果见表 5. 1。

表 5.1　DICE 单元噪声容限仿真

	TT			SS			FF		
温度/℃	-55	25	125	-55	25	125	-55	25	125
SNM/mV	262	304	371. 9	245	285	350	283	327	398

5. 4. 4　锁存器和触发器的加固设计

图 5. 15 是基于 DICE 结构的 D 触发器，触发器为时钟上升沿触发器。为防止在时钟打开时，数据端受 SEU 打击，本设计有意在时钟端及数据输入端的两条路径上引入延时。为防止误写操作，设计的 D 触发器结构能抗较大的 SEU。

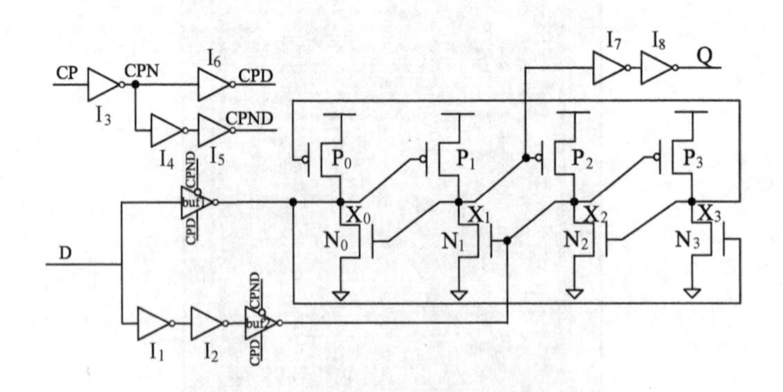

图 5. 15　基于 DICE 结构的 D 触发器

图 5. 16 是基于 DICE 的 RS 锁存器，其真值表见表 5. 2。后仿真表明，锁存器写 1 时的时间为 2. 66 ns，写 0 时的时间为 2. 1 ns。CP 端和数据输入端能抗 50 mA、持续时间为 780 ps 的电流脉冲干扰。

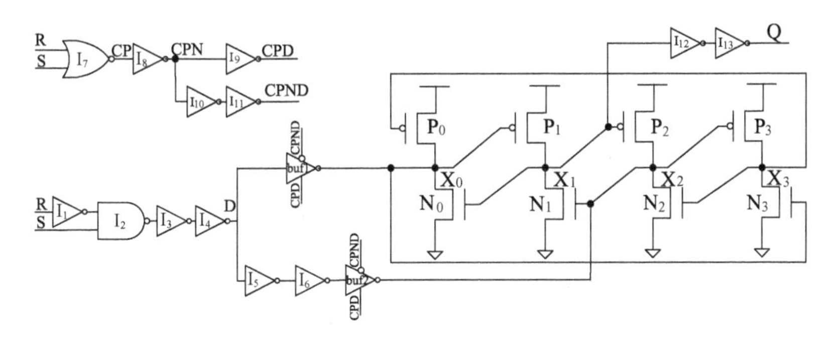

图 5.16　基于 DICE 的 RS 锁存器（等效异或门）

表 5.2　RS 锁存器真值表

R	S	Q
1	–	0
0	1	1
0	0	保持

图 5.17 是基于 DICE 结构的触发器，其带有异步复位端 CDN 和异步置位端 SDN。具体的真值表见表 5.3。为防止同时置位复位时产生大的漏电流，设计时将同时置位复位操作时，Q 与 QN 端都置为 1。图 5.17(a)给出了实现的电路机构图，图 5.17(b)是图 5.17(a)中单管反相器和 D 端数据输入的内部晶体管级结构。

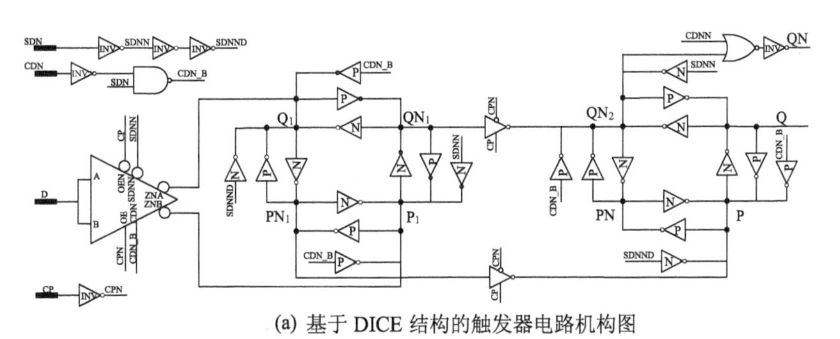

(a) 基于 DICE 结构的触发器电路机构图

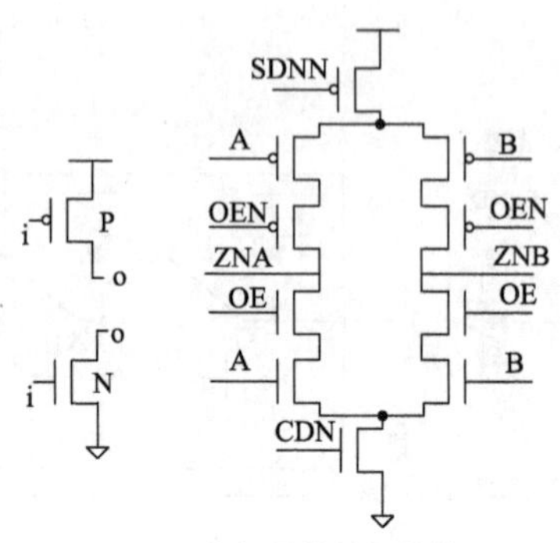

(b) 内部晶体管级结构

图 5.17 基于 DICE 结构的触发器

表 5.3 异步置位复位触发器真值表

CDN	SDN	Q	QN
0	0	1	1
0	1	0	1
1	0	1	0
1	1	保持	保持

5.4.5 测试结果

对于新设计的 DICE 单元结构，我们专门做了一个 64 KB 的 SRAM 单独流片测试，其功能正常，抗辐照性能良好，能在 75 krad 的总剂量下正常工作。

§5.5 单粒子闭锁（SEL）加固技术

单粒子闭锁加固技术与一般的 CMOS 闭锁效应相比较，除了触发的机理不同之外，两者的其他机理完全相同。在 CMOS 电路中，电源 VDD 和地线 GND（VSS）之间由于寄生的 PNP 和 NPN 双极性 BJT 相互影响而形成类似于可控硅（SCR）的电路，其在一定条件下触发，从而产生低阻抗通路，使 VDD 和 GND 之间产生大电流，损坏 CMOS 电路。在实际的单粒子闭锁加固中，我们采用了工艺和设计两方面的加固技术。

本方法在工艺上使用薄外延片加工，在设计上主要依靠版图加固，使用双环保护结构，如图 5.18 所示。本方法采用良好的衬底连接和阱环连接技术，使用金属层直接连接到地线和电源线，用良好的接触孔连接，抑制 PNPN 的正反馈通道，减小 NPN、PNP 管的基极电阻。

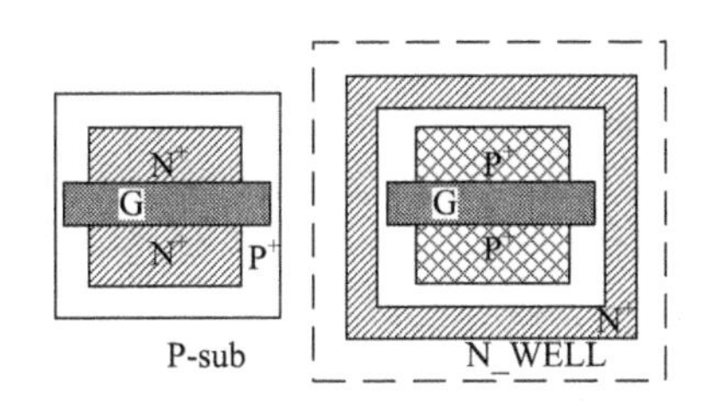

图 5.18　双环保护结构

§5.6　本章小结

本章研究 FPGA 的抗辐照加固设计技术，在介绍辐照原理及抗辐照基本概念的基础上确定了 FPGA 采用的加固技术及流程。

在总剂量加固方面，本章提出了一种新的大头栅版图设计，用于总剂量加固。针对不规则的大头栅版图，本章提出了一套版图参数的提取方法。在此基础上，采用提高 P 型硅表面掺杂浓度，以及对场氧区和 N^+注入区进行了硼注入。辐照后芯片的电源电流测试表明，加固设计的失效拐点为 90 krad，100 krad 时电流变化 20%；相比国外 30 万门 FPGA 芯片 XQVR300 的失效拐点在 75 krad，100 krad 时电流增大 60%。

在单粒子翻转方面，本章基于 DICE 结构，提出了新的基于 DICE

结构的 D 触发器和 RS 触发器的设计。同时专门设计了一个基于 DICE 结构的 SRAM 单独流片测试。测试结果表明，其抗辐照性能良好，能在75 krad 下正常工作。

针对单粒子闭锁，主要利用了常规技术，即使用薄外延片及双环保护结构加固。

第6章 FPGA的测试

用于FPGA测试的方法主要有三类：基于应用的FPGA测试、面向制造的测试及同时面向应用和制造的内建自测试（BIST）。本章将FPGA的组成元件分为不同的功能器件，如存储器、寄存器、多路选择器等，并对每一类功能器件进行相应的测试。首先给出FPGA模型和CLB结构，然后对逻辑资源进行分类并给出每类资源的BIST测试方法，接着讨论FPGA的部分重配置优化测试的方法，给出了相应的实验数据及结论。

§6.1 概　述

随着 FPGA 应用领域的扩大，原来的 ASIC/ASSP 逐渐被 FPGA 取代，因而对 FPGA 进行完全测试的需求更加强烈。而伴随芯片尺寸及速度的增加，FPGA 的测试变得更加难以处理。由于 FPGA 在用户编程配置之前没有特定的功能，在测试中不能用测试 ASIC 的方法来测试 FPGA。

FPGA 测试中需要完成测试图形的配置，以及对应于特定测试配置测试向量。现有的能用于 FPGA 的测试方法主要有三类：基于应用的 FPGA 测试、面向制造的测试及同时面向应用和制造的内建自测试（BIST）。这些测试方法在不断改进，其主要的改进方向是减少测试配置次数，因为测试配置的次数决定了测试所需要的开销时间。由于 FPGA 只有有限的输入/输出引脚数，现在的 FPGA 测试中对 BIST 方法进行了大量的研究。已有的研究表明，FPGA 测试中采用 BIST 方法不需要额外的硬件开销，可在需要较少 I/O 引脚的同时采用较少的配置次数并获得较好的故障覆盖率。在已有的测试方案中，FPGA 的可配置逻辑模块（CLB）通常作为一个整体来进行测试。

Xilinx 公司提出了工业应用上 FPGA 测试的 4 条要求：① 通用、统一并不依赖于终端应用；② 测试不随 FPGA 阵列的尺寸和规模的改变而改变；③ 可重用及便于自动化；④ 易于衡量测试质量。这些要求给出了 FPGA 测试的研究方向，并给出了针对 Virtex-Ⅱ FPGA 的测试框架。此种测试使用移位寄存器链测试布线、寄存器及相关的置位/复位属性，利用 BIST 方法测试逻辑资源。为了实现 FPGA 测试中的可重用性，此种测试给出了测试模板的概念，其中充分利用了 FPGA 层构的规则性。

本章首先为 FPGA 逻辑资源的测试设计了一系列测试模板，然后利用部分重配置来优化测试过程[20]。与 ASIC 测试及以往的 FPGA 测试不同，本节将 FPGA 的组成元件分为不同的功能器件，如存储器（RAMs）、寄存器（Registers）、多路选择器（Multiplexers）等，进而对每一类功能器件进行相应的测试。下面首先给出 FPGA 模型及 CLB 结构，然后对逻辑资源进行分类并给出每类资源的 BIST 测试方法，接着讨论 FPGA 的部分重配置优化测试的方法，并给出相应的实验数据及结论。

6.1.1 FPGA 模型

本节采用的 FPGA 模型架构如图 6.1 所示。图中为 $n \times n$ 的 CLB 阵列，围绕 CLB 的是互联资源，其中包括互联线段和相应的开关互联矩阵。在 CLB 阵列的四周是输入输出模块（IOB），其中 1 个 CLB 宽度对应于 4 个 IOB。相对于 CLB，IOB 数量有限。通常 FPGA 中，有多种类型的连线段，如单线、六长线、长线、全局线、三态总线，以及外围的与 IOB 转换连接（VersaRings）。本章主要针对逻辑资源进行测试，因此，在图 6.1 中只给出了三态缓冲总线及简单的开关模型。

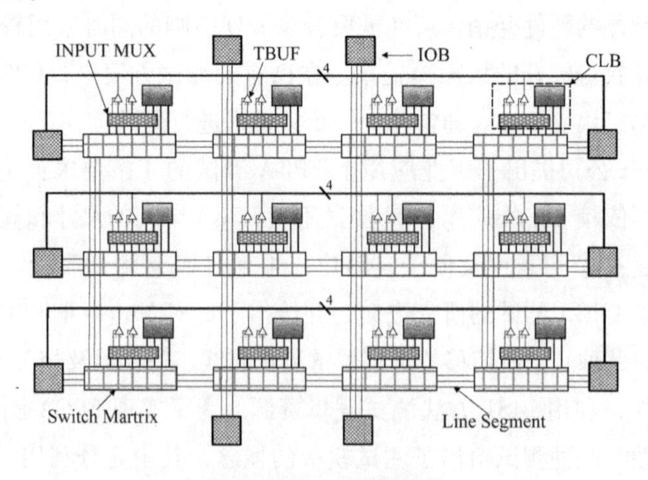

图 6.1　FPGA 模型架构

三态缓冲总线在水平方向横跨 FPGA，总线宽度为 4，其被双向可编程连接点分割。这些可编程连接点用于三态总线在每经过 4 个

CLB 时连接或者断开，总线最长可横跨整个 FPGA 的宽度，测试中充分利用了三态缓冲。

一个 CLB 由两个逻辑片组成。图 6.2 给出了逻辑片的内部结构，以及逻辑片中每个器件元素的名称。一个逻辑片中包括两个 4 输入的查找表、两个触发器及多个多路选择器和一些算术逻辑。其结构特点是：两个寄存器可以配置成锁存器或触发器，并有独立的置位/复位、初始化功能。通过内部各种可配置多路选择器，可实现特定的算术逻辑及内部布线连接。一个逻辑片中有两个 16×1 的存储阵列，可配置成 4 输入查找表、16 位 RAM 或移位寄存器。

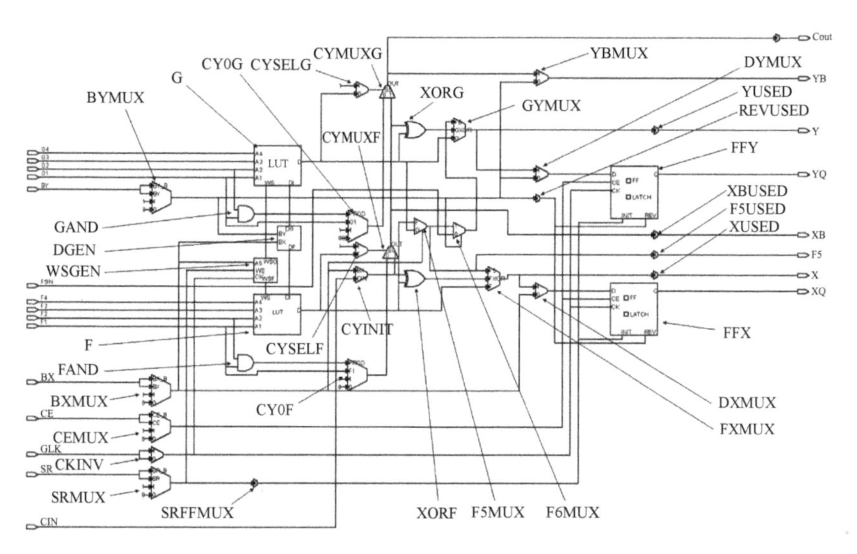

图 6.2　逻辑片的内部结构及命名

6.1.2　故障模型

FPGA 的故障可以从物理和功能两方面建模。混合故障模型适用于通用的 FPGA 的 CLB，其与 FPGA 的 CLB 的具体实现工艺无关。这里允许 FPGA 的逻辑资源中出现任何数量的故障，同时在测试逻辑资源时假定 FPGA 中的布线资源已经进行了完全的测试。

§6.2 逻辑资源的测试方法

FPGA 的逻辑资源包括的功能器件有：块 RAM、三态缓冲（TBUF）、查找表 LUT（SRL 及分布式 RAM）、寄存器（DFF 及锁存器）、算术逻辑（进位链中的多路选择，逻辑与门）、5 输入多路选择（F5MUX）及 6 输入多路选择（F6MUX）。虽然不能像 ASIC 中那样进行功能测试，但可将 FPGA 的逻辑资源划分成功能器件（如 TBUFs、寄存器、多路选择器等），从而完成相应的测试。已有的文献[21]给出了针对 Xilinx FPGA 的巧妙的测试方法，其中利用了重复逻辑阵列（ILA）的思想，而且测试规模不随着逻辑阵列的扩大而改变。但是手工进行测试图形的开发耗时多且难以实现。而根据功能器件来测试逻辑资源的方法具有操作简单，以及易于利用 Virtex 及后续系列 FPGA 中的部分重配置来优化测试的优势。

待测试的逻辑资源分布在 CLB 和块 RAM 中。为充分测试 CLB 的内部资源，可以将在相同列的 CLB 输出信号作为一组，而同组的列信号通过三态缓冲（TBUF）总线输出到布线资源。同时，FPGA 中嵌入的块 RAM 配置为存储期望输出值的 ROM。三态缓冲的使能端由状态机（可以是计数器）来控制。当状态变化时，特定列的 CLB 输出信号被使能输出，并和块 RAM 中的值做比较。如若逻辑资源无故障，则比较的结果一致。按同样的方式，CLB 完成一列一列的测试。为防止故障掩盖，测试过程中安排了逻辑资源的测试顺序，首先对块 RAM 和 TBUF 进行测试，然后充分利用块 RAM 和 TBUF 对 CLB 的内部资源进行测试。

6.2.1 块 RAM 的 BIST 测试

块 RAM 的 BIST 测试和普通的 RAM 测试相似，所有的数据存储单元及地址线需要完全测试。为获取较高的覆盖率，本书采用了成熟的 March C+算法，其覆盖了较大范围的故障，如固定 0/1 故障、常开/常闭故障、跳变故障、地址失效及耦合故障。图 6.3 是块 RAM 的 BIST 测试框图，其中数据产生器产生测试序列，March C+状态机产生 16 位宽的期望值，用于和 16 位的测试信号相比较。

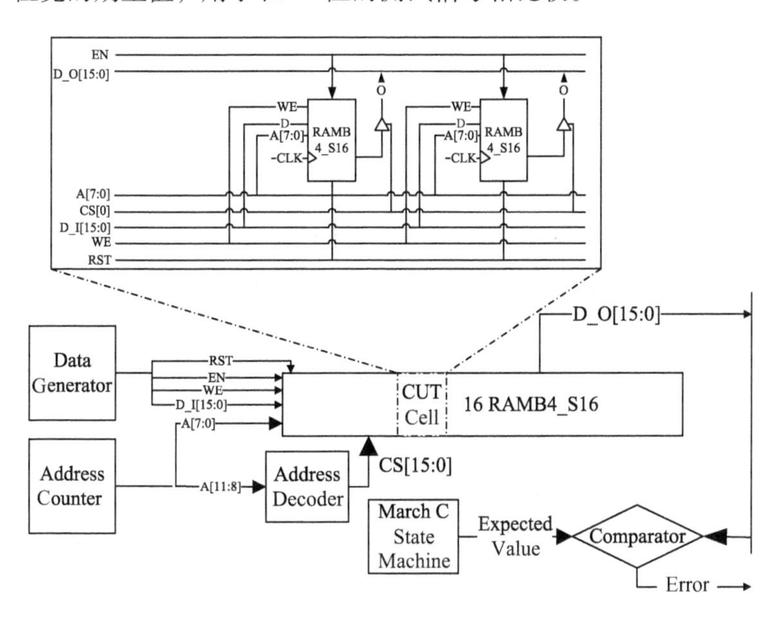

图 6.3　块 RAM 的 BIST 测试框图

在测试的 FPGA 中有 16 个块 RAM，其中每个有 12 条地址线和 16 条数据输出线，块 RAM 模块可以在不同的应用环境中组成不同的输出字宽。为覆盖所有的地址线，块 RAM 被配置成 4k×1 的存储器，16 个块 RAM 联合起来组成 16 位宽的输出。为覆盖所有的数据输出线，块 RAM 被配置成 256×16 的存储器，16 个存储器串接组成待测存储器。图 6.3 给出了覆盖所有数据输出线的情况，其中位（A[11:8]）用于产生 16 个块 RAM 芯片的片选信号（CS[15:0]）。

此外，为了能获得更高的故障覆盖率，自测试程序的信号发生器采用 March C+算法，该算法覆盖了固定 0/1 失效、固定开路失效和转换失效、地址失效和字间耦合失效。基于字的 March C+算法如图 6.4 所示。

⇕（write000）；
⇑（read000，write111，read111）；
⇑（read111，write000，read000）；
⇓（read000，write111，read111）；
⇓（read111，write000，read000）；
⇓（read000）

图 6.4　基于字的 March C+算法

6.2.2　三态缓冲的 BIST 测试

待测的 FPGA 中含有 32×48 的 CLB 阵列，其中每行含有 50×2 的三态缓冲，每行中的三态缓冲有两个输出位 D_O，如图 6.5 所示。在 BIST 测试中，64 位的测试位（D_O[63:0]）同时和期望值进行比较。存储期望值的块 RAM 有两个地址，地址 0 存有 64 位的 0 值，地址 1 存有 64 位的 1 值。数据产生器产生固定的 0 和 1，其传输通过 TBUF，并与期望值比较。由于 BIST 控制部分不占用三态缓冲资源，一次配置可以完成所有的三态缓冲的测试。

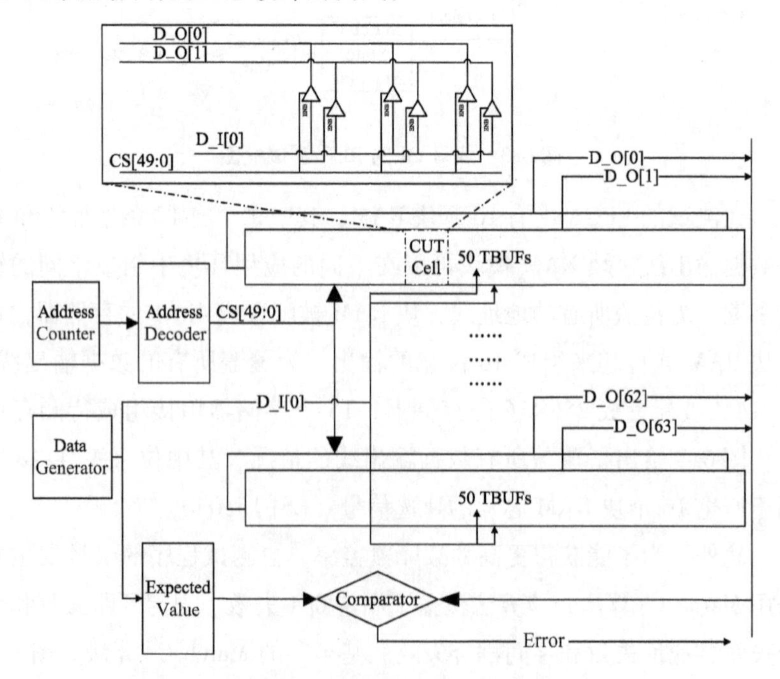

图 6.5　三态缓冲的 BIST 测试

6.2.3 CLB 内部资源的 BIST 测试

CLB 内部包括查找表 LUT（其中可配置成移位寄存器及分布式 RAM)、寄存器（可配置成触发器及锁存器)、算术逻辑（含有进位逻辑中的多路选择及逻辑与门)，用于组成 5 输入函数的 F5MUX 和 6 输入函数的 F6MUX。CLB 内部资源的测试可在统一的 BIST 框架中完成。

CLB 中的 F6MUX 用于将 4 输入查找表组合成 6 输入的函数。所有 F6MUX 的输入来源于 F5MUX 的输出（图 6.6)。为简化测试配置，两个查找表有相同的配置，其为 F5MUX 提供了相同的输入信号，而 F5MUX 可在分布式 RAM 的测试中附带测试。为充分测试 F6MUX，需要独立的两次测试配置。其中 $CLB\_RiC_1 \sim CLB\_RiC_{24}$ 和 $CLB\_RiC_{25} \sim CLB\_RiC_{48}$ 的待测单元在不同的配置中测试。

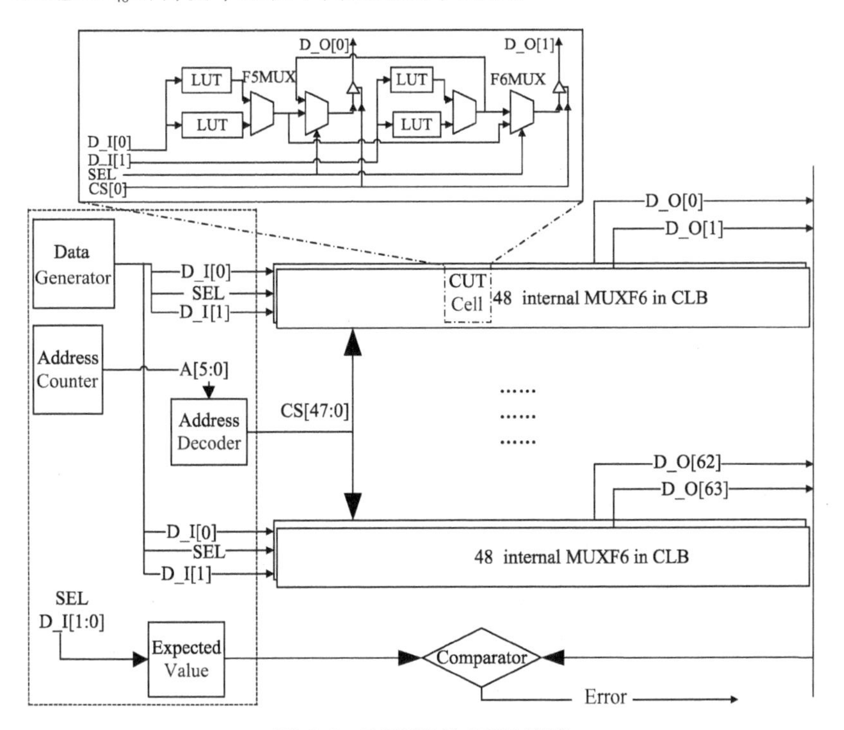

图 6.6 F6MUX 的 BIST 测试

当进行触发器测试时，触发器的各个输入端需要完全测试，其中包括正沿和负沿的跳变触发，异步或同步置位/复位（其中包括高有效或者低有效置位/复位模式），触发器的使能测试。测试中，根据触发器的物理位置，其被约束到逻辑片 0 或逻辑片 1。图 6.7 给出了典型的待测单元的连接形式。除了图 6.7 中所示的待测单元的不同外，BIST 测试框图与多路选择器的测试相同。利用相同的测试结构，可完成锁存器、逻辑与门、分布式 RAM、移位寄存器及算术逻辑的测试。

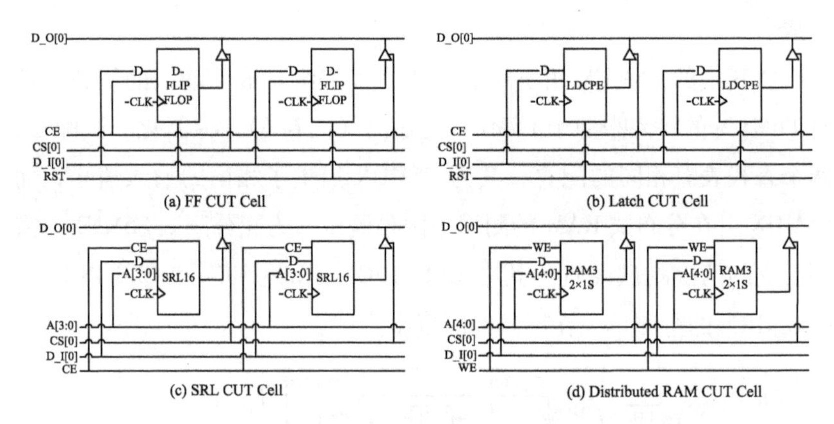

图 6.7　典型待测单元的连接形式

6.2.4　部分重配置

部分重配置可实现在 FPGA 部分区域保持功能的同时替换其余部分 FPGA 的功能。在需要灵活地改变部分 FPGA 功能的应用领域，部分重配置由于其固有的高效与配置时间短而被广泛用于可重配置运算、硬件演化及 FPGA 测试中。FPGA 中利用部分重配置的优势在于多个测试配置可以组合成一个过程，变换配置时只需要改变较少的数据帧，从而加快配置时间，提高测试速度。

部分重配置有 4 种测试流程：基于模块的重配置、基于差异的重配置、基于 Jbits 的重配置和基于 EAPR（Early Accessed Parital Reconfiguration）的重配置。本质上，4 种方式都是从底层改变位流文件，而不重新启动 FPGA。它们的区别只是面向用户接口及易用性不同。

如上所述，CLB 的内部资源在类似的框架中完成测试。这里可采用基于模块的设计流程。图 6.6 虚线框中 BIST 的控制部分可作为一个固定的模块，而功能器件可作为一个可重配置的逻辑。由于配置存储空间按列分为不同的帧，在设计模块时，按列约束，以减少需要重配置的帧数。

在测试中，触发器和锁存器的测试可以结合成一个可重配置过程；进位逻辑、算术与门、F6MUX 结合成另外一个过程。经过边界的信号如 CS、SEL、DI 被设计成总线宏。总线宏专门用于实现可重配置模块间的信号通信，并符合在动态重配置中经过边界的布线资源完全静态固定这一设计原则。有两种方法用于实现总线宏：一种是基于三态缓冲的总线宏，其充分利用了 Spartan 及 Virtex，Virtex Ⅱ系列 FOGA 的三态缓冲；另一种是基于 LUT 的总线宏，其在 Virtex Ⅳ及后续系列的 FPGA 中被广泛使用。在测试中，我们采用了基于 TBUF 的总线宏来实现固定逻辑和可重配置逻辑间的信号通信。

6.2.5 实验数据及结论

表 6.1 列出了 FPGA 中 9 种逻辑资源的分类及相应的测试结果。在 BIST 框架下，需要 17 次测试配置完成逻辑资源的全覆盖。利用部分重配置技术后，针对锁存器和触发器的 4 次测试配置被简化为 2 次测试配置，针对进位逻辑、算术与门及 F6MUX 的 6 次测试配置被简化为 2 次测试配置。采用部分重配置技术后，只需要 11 次测试配置过程。

FPGA 的测试对于测试者来说是一项耗时而富有挑战性的工作，而且需要一个自动的测试平台来完成 FPGA 的全测试。作为测试平台的一部分，这里给出了一种新的 FPGA 逻辑资源的测试策略，测试中先将逻辑资源分为 9 种功能器件，然后针对每种功能器件采用了统一的 BIST 测试框架完成测试，最后利用部分重配置功能优化测试过程，将测试配置次数减少为 11 次。

表 6.1　测试结果

<table>
<tr><th>序号</th><th>器件</th><th>相关组件</th><th>TCs</th><th>PR-TCs</th></tr>
<tr><td>1</td><td>块 RAM</td><td>块 RAM 4k×1，256×16 mode</td><td>2</td><td>2</td></tr>
<tr><td>2</td><td>三态缓冲</td><td>50×32×2 TBUFs</td><td>1</td><td>1</td></tr>
<tr><td>3</td><td>锁存器</td><td>FFX，FFY，DXMUX，DYMUX，CEMUX，SRMUX，BXMUX</td><td>2</td><td rowspan="2">2</td></tr>
<tr><td>4</td><td>触发器</td><td>FFX，FFY，DXMUX，DYMUX，CEMUX，SRMUX，BXMUX，CKINV</td><td>2</td></tr>
<tr><td>5</td><td>进位逻辑</td><td>CY0F，CYINIT，XORF，FXMUX，CYSELF，CYMUXF，CY0G，CYSELG，CYMUXG</td><td>2</td><td rowspan="3">2</td></tr>
<tr><td>6</td><td>算术与门</td><td>FAND，CY0F，CYSELF，CYMUXF，GAND，CY0G，XORG，GYMUX，CYSELG，CYMUXG</td><td>2</td></tr>
<tr><td>7</td><td>MUXF6</td><td>F6MUX，GYMUX</td><td>2</td></tr>
<tr><td>8</td><td>移位寄存器</td><td>F，FXMUX，G，GYMUX，DGEN，WSGEN</td><td>2</td><td>2</td></tr>
<tr><td>9</td><td>分布式 RAM</td><td>F，G，F5MUX，FXMUX，DGEN，WSGEN</td><td>2</td><td>2</td></tr>
</table>

§6.3　布线资源测试

6.3.1　短线直连开关测试方法

本节主要研究测试 CLB 中 96 个短线开关的方法。测试方法有 2 种，第 1 种是基于码点研究，采用手动写码点、局部重配置方式来测试短线开关；第 2 种是基于 XDL 方法，先利用 XDL 方法转换成 NCD 文件，再生成码点来测试短线开关。以下分别介绍基于手动码点法和基于 XDL 法。

(1) 手动码点法测试短线开关

首先介绍 FPGA 的资源和码点的规律。在该 FPGA 中共有 32 行 48 列的 CLB，列地址从右往左交叉排列（48,46,…,4,2,1,3,…,45,

47)；每一行又对应着 18 bits 的配置位总线，这样 CLB 共需要 18×32＝576 bits 的配置位总线；另外，在 CLB 的上下各有一个 IO 单元，每个 IO 单元也对应着 18 bits 的配置位总线，所以每一列共需要 576+36＝612 bits 配置位总线。

配置 FPGA 是以列为单位的，按地址从低到高一列一列地配置完成。实际上在每列（主地址）中又分成 48 个从地址。

码点由基本的帧组成，每一帧又由 21 个 32 bits 的字组成，即每帧有 21×32＝672 bits。在这 672 bits 中只有前面的 612 bits 是有效的信息位，后面的 60 bits 是无效信息位，全为 0；在这 60 bits 中前 28 bit 被称为填充位，用来构成 32 bits 的字，后 32 bits 被称为填充字，用来作为 pipelining 操作。每帧的构成如图 6.8 所示。

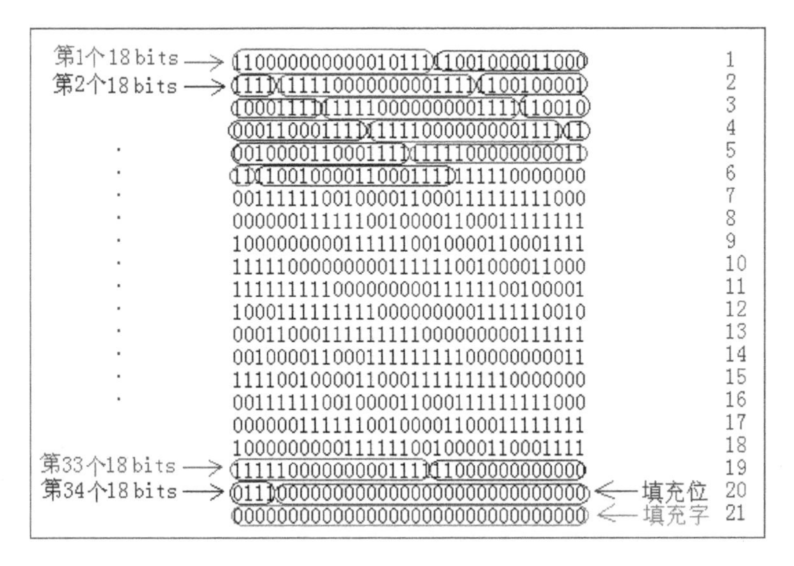

图 6.8　帧构成图

利用软件 ISE9.1i 可生成 54 744 行未压缩的码点，每行是 32 bits。在这 54 744 行中包括命令字和数据字，数据字就是用来配置到 SRAM 中去的。取出其中的数据字，把它转化成每行 18 bits，除去无效信息位，共 34 行。第 1 行对应 CLB 上面的 IO 单元，第 2 行对应第 1 行的 CLB，以此类推，第 34 行对应 CLB 下面的 IO 单元，码点对应图如图 6.9 所示。

为了测试这96个短线开关，就必须知道控制这些开关的信息在整个码点中的确切位置，还必须设计出一条有效的通路，尽可能地将这些开关串在一起，以提高码点的测试效率。控制这些开关的信息如图6.10所示。

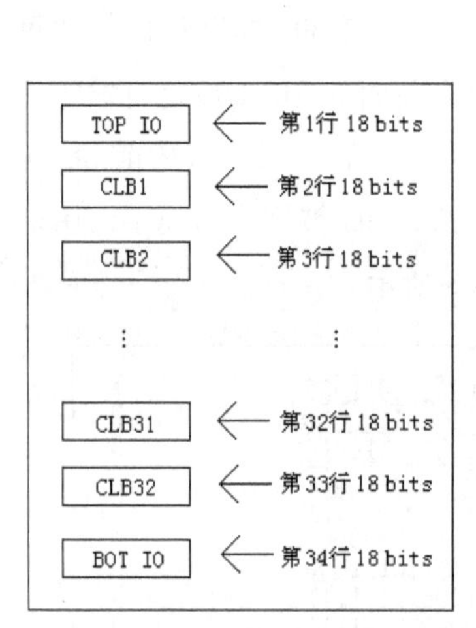

图6.9　码点对应图

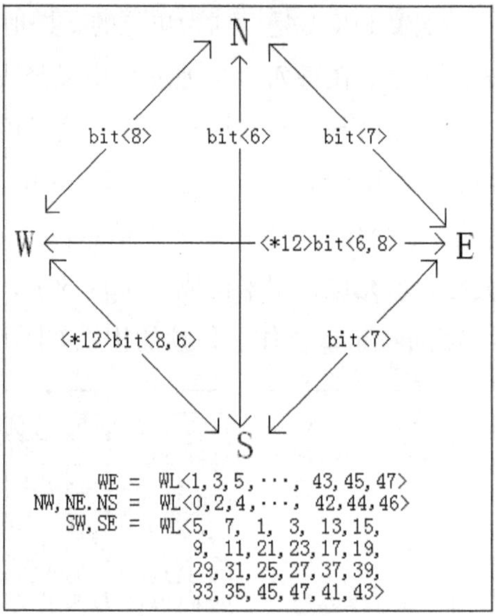

N
bit<8>　bit<6>　bit<7>
W　<*12>bit<6, 8>　E
<*12>bit<8, 6>　bit<7>
S
WE = WL<1, 3, 5, ···, 43, 45, 47>
NW, NE. NS = WL<0, 2, 4, ···, 42, 44, 46>
SW, SE = WL<5, 7, 1, 3, 13, 15, 9, 11, 21, 23, 17, 19, 29, 31, 25, 27, 37, 39, 33, 35, 45, 47, 41, 43>

图6.10　开关信息图

完整的配置一列共需要48帧，帧的序号从0到47排列，WL表示该48帧中的第几帧。将每帧按18 bits一行排列，每行中的位顺序从右向左，序号从0到17排列，其中bit< * >表示在一行中的第几位。

现在确定了控制96个短线开关信息位的确切位置，下面的工作就是设计有效的通路了。

经过研究发现，这96个开关可以构成一个环路，再将环路连起来，如图6.11所示。

在图6.11中为了解决驱动的问题，必须在环路中加入buf。经过实际电路的测试，每个buf最多可以驱动32个开关。每个CLB刚好有4个LUT，可以做成4个buf。

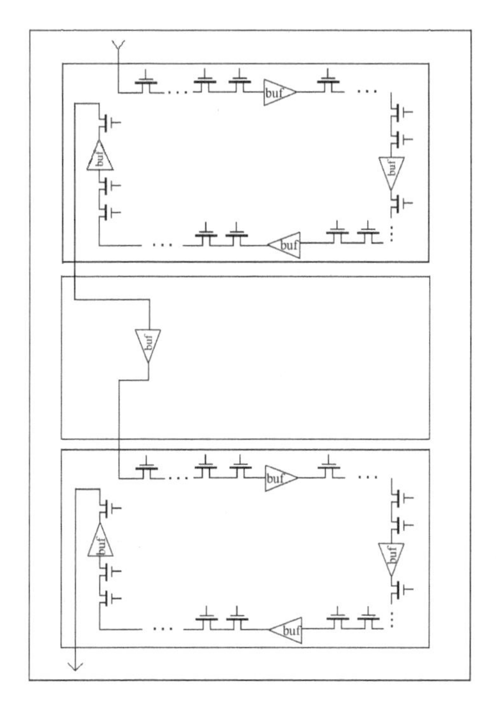

图 6.11　开关通路图

附录 1 中的程序主要用来产生所需要的码点。码点生成流程图如图 6.12 所示。

首先，借用一个空的码点，将其转化为每行 18 bits 的文件 top1. vec。在转换中需要注意的是，将每帧中最后的 60 bits 填充位去掉（附录 1 中的程序 1）。

其次，将 96 个开关中需要打开的那些位在码点中写上“1”，生成的文件为 top2. vec（附录 1 中的程序 2）。

最后，将上面生成的 top2. vec 转化成 32 bits 一行的码点，生成的文件为 top3. vec。需要注意的是，在每帧的最后要加上 60 bits 的填充位（附录 1 中的程序 3）。

上面的过程产生了需要的码点，接下来就是用局部配置法将该码点加载到 FPGA 中去。局部配置的流程如下：以重配置 R25C1 ~ R25C32 为例，流程如表 6.2 所示，表中数据字 1008 到数据字 1028 为填充帧，它的大小为 21 行的 32 bits。

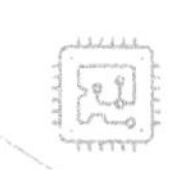

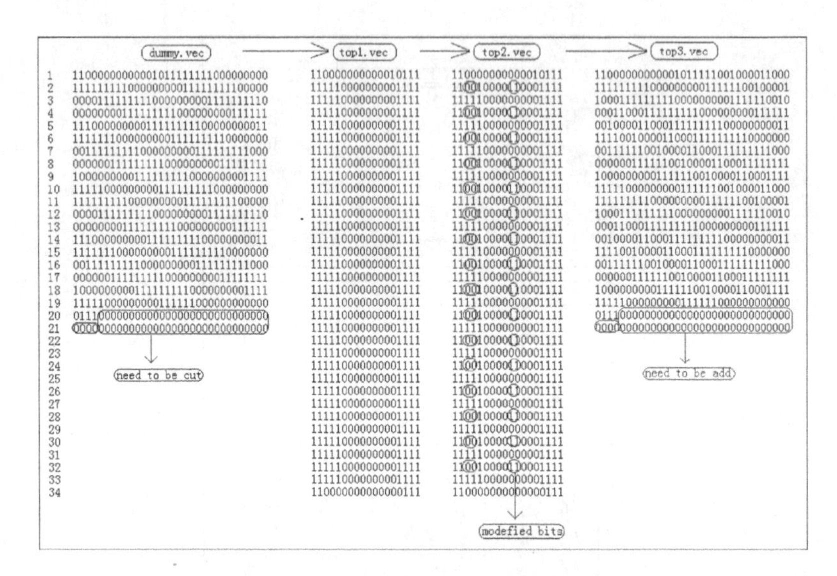

图 6.12　码点生成流程图

表 6.2　重配置流程表

<table>
<tr><th rowspan="2">指令</th><th colspan="9">数据</th></tr>
<tr><th>HEX</th><th colspan="8">31-------------------------------------0</th></tr>
<tr><td>同步字</td><td>AA99 5566</td><td>1010</td><td>1010</td><td>1001</td><td>1001</td><td>0101</td><td>0101</td><td>0110</td><td>0110</td></tr>
<tr><td>写 FAR</td><td>3000 2001</td><td>0011</td><td>0000</td><td>0000</td><td>0000</td><td>0010</td><td>0000</td><td>0000</td><td>0001</td></tr>
<tr><td>MJA=01,
MNA=00</td><td>0002 0000</td><td>0000</td><td>0000</td><td>0000</td><td>0010</td><td>0000</td><td>0000</td><td>0000</td><td>0000</td></tr>
<tr><td>写 CMD</td><td>3000 8001</td><td>0011</td><td>0000</td><td>0000</td><td>0000</td><td>1000</td><td>0000</td><td>0000</td><td>0001</td></tr>
<tr><td>写 WCFG</td><td>0000 0001</td><td>0000</td><td>0000</td><td>0000</td><td>0000</td><td>0000</td><td>0000</td><td>0000</td><td>0001</td></tr>
<tr><td>写 1029 字
到 FDRI</td><td>3000 4405</td><td>0011</td><td>0000</td><td>0000</td><td>0000</td><td>0100</td><td>0100</td><td>0000</td><td>0101</td></tr>
<tr><td>数据字 0</td><td>C005 F218</td><td>1100</td><td>0000</td><td>0000</td><td>0101</td><td>1111</td><td>0010</td><td>0001</td><td>1000</td></tr>
<tr><td>数据字 1</td><td>FF80 3F21</td><td>1111</td><td>1111</td><td>1000</td><td>0000</td><td>0011</td><td>1111</td><td>0010</td><td>0001</td></tr>
<tr><td>数据字 2</td><td>8FF8 03F2</td><td>1000</td><td>1111</td><td>1111</td><td>1000</td><td>0000</td><td>0011</td><td>1111</td><td>0010</td></tr>
<tr><td>…</td><td>…</td><td colspan="8">…</td></tr>
<tr><td>数据字 1006</td><td>7000 0000</td><td>0111</td><td>0000</td><td>0000</td><td>0000</td><td>0000</td><td>0000</td><td>0000</td><td>0000</td></tr>
<tr><td>数据字 1007</td><td>0000 0000</td><td>0000</td><td>0000</td><td>0000</td><td>0000</td><td>0000</td><td>0000</td><td>0000</td><td>0000</td></tr>
<tr><td>数据字 1008</td><td>0000 0000</td><td>0000</td><td>0000</td><td>0000</td><td>0000</td><td>0000</td><td>0000</td><td>0000</td><td>0000</td></tr>
<tr><td>…</td><td>…</td><td colspan="8">…</td></tr>
<tr><td>数据字 1028</td><td>0000 0000</td><td>0000</td><td>0000</td><td>0000</td><td>0000</td><td>0000</td><td>0000</td><td>0000</td><td>0000</td></tr>
</table>

（2）XDL 法测试短线开关

XDL（Xilinx Description Language）是 Xilinx 公司专有的描述语言，其描述方式类似于用 HDL 的数据流方式建模。用 XDL 写成网表，再运行 xdl-xdl2ncd file. xdl 命令，就可以将 xdl 格式的网表转换成 ncd 文件，而有了 ncd 文件就可以生成需要的码点了。该方法需要了解 FPGA 底层资源的单元和节点的命名方式，以及 XDL 的语法。

首先讨论 FPGA 资源的单元和节点的命名方式。FPGA 资源节点的命名方式如图 6. 13 所示。

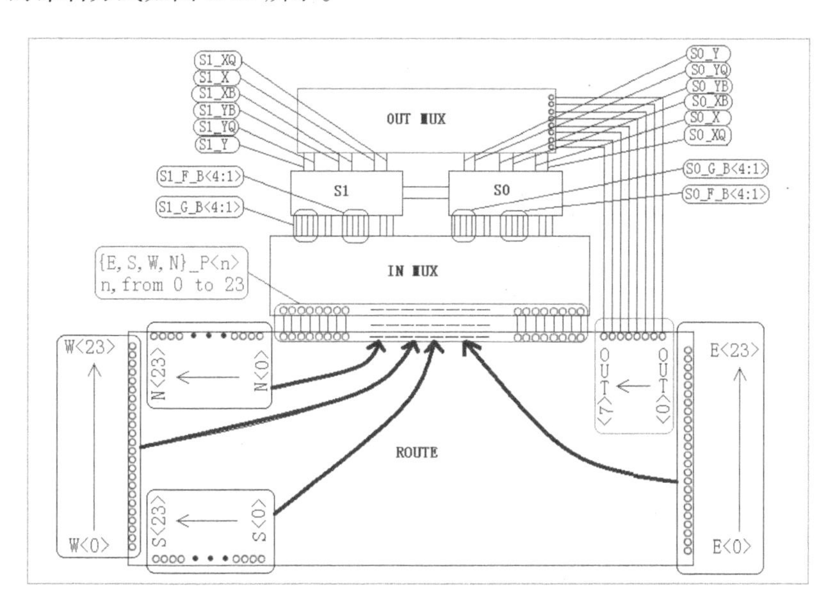

图 6. 13　FPGA 资源节点的命名方式

在布线资源中，线网分为 4 类：单线、六长线、长线、全局线。它们之间的连接关系有的是双向的，有的是单向的；双向和单向中有的是带缓冲的，有的是不带缓冲的。其连接开关分类如图 6. 14 所示。

在单线和单线之间都是双向的，并且没有缓冲，仅仅由一个 NMOS 管来控制。在单线和六长线之间也仅仅由一个 NMOS 管连接，没有缓冲，但它是单向的，因为 ISE 软件只支持六长线到单线的传输，而单线到六长线传输是不一样的。在六长线和六长线之间都是带缓冲的，单向六长线之间有个 buf，双向六长线之间是由两个三态门连接的。

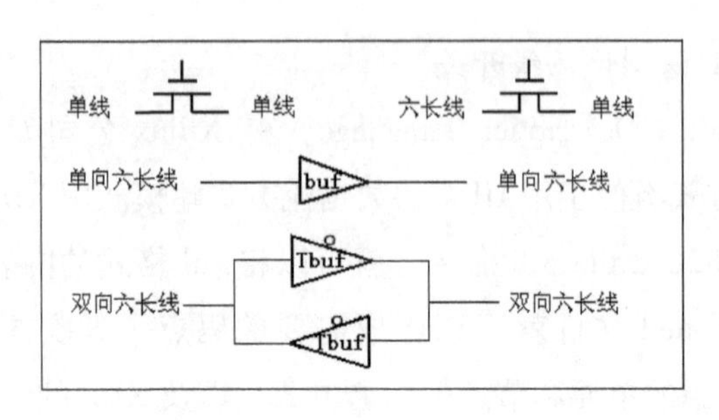

图 6.14　线网连接开关分类

有了节点连线的名称，还需要知道基本元器件的名称。CLB 里的基本元器件的命名如图 6.2 所示，在 XDL 网表中可以调用这些基本的单元。

上面 XDL 语言生成的 NCD 文件可用 fpga_editor 打开，96 个短线开关布线效果如图 6.15 所示。

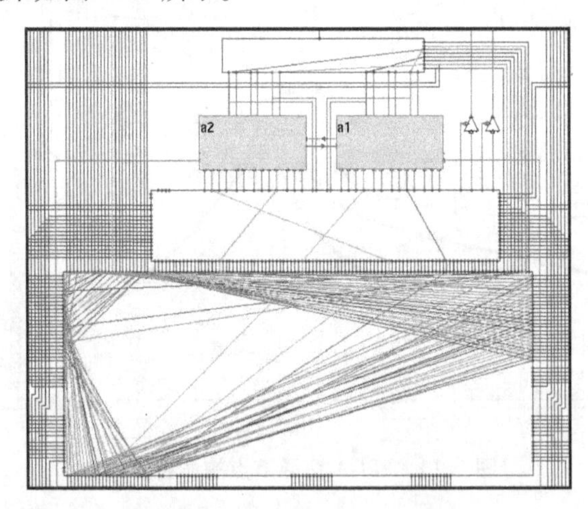

图 6.15　96 个短线开关布线效果

驱动部分的实现电路如图 6.16 所示，图中 LUT 构成一个反相器，它的输出由 buf 驱动。

利用附录 2 中的 XDL 语言，将一列短线开关串起来，实际布线效果如图 6.17 所示。

将该电路生成的码点加载到测试实验板的 FPGA 中，通过给相应输入管脚加方波激励，利用示波器可在对应的输出引脚观测到功能正确的信号，这表明此种绕线方式测试短线开关是切实可行的。

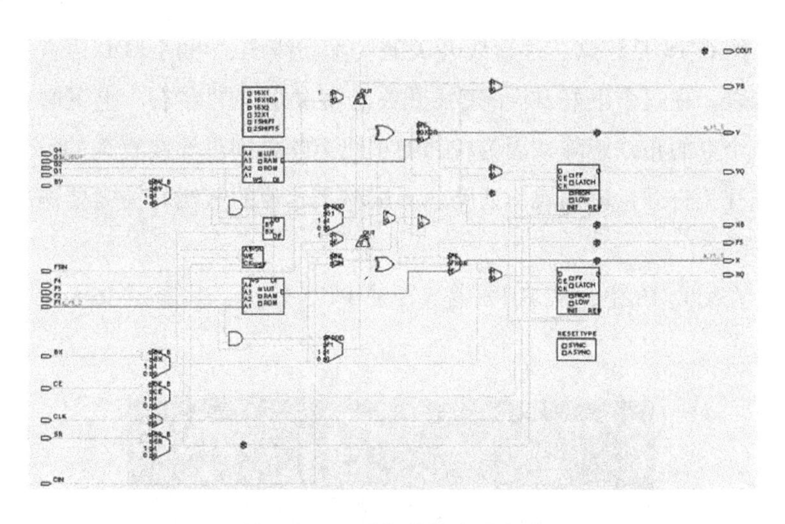

图 6.16　驱动部分的实现电路

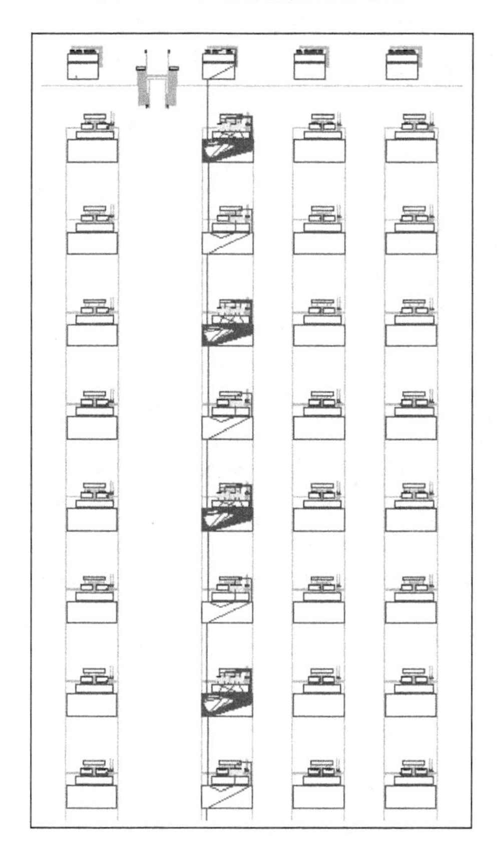

图 6.17　一列短线开关实际布线效果

图 6.18 是测试芯片短线开关的实际布线图，可用 XDL 语言写成该网表。在每个串好 96 个短线开关的布线矩阵的左右、上下必须间隔一个空的布线矩阵，因为相邻的布线矩阵之间是导线直连的，只要短线开关打开，就构成了通路。测试整个芯片的短线开关需要两次配置过程。

在图 6.18 中，从 P198 输入，从 P175 输出，共串了 36 864 个短线开关。

图 6.18　测试短线开关的实际布线图

6.3.2　其他布线开关测试

测试布线开关的思路是将同类型的开关级联起来，测试它是否通路，从一引脚输入数据，经过一定的延迟从另一引脚输出数据。

（1）测试单长线的斜向开关

在每个 CLB 布线矩阵中有 96 个单长线，东南西北各 24 个；每个方向中的每一点都可与其他三个方向实现双向连接；这 96 个单长线实际上又可以构成一个环。如图 6.19 所示就是测试它的斜向走线，每经过 24 个 MOS 管开关就进入 LUT，由 LUT 实现一个 buf 来驱动下 24 个开关。每个 CLB 中共 4 次进入 LUT，提供了 4 级的驱动，但每次进入 LUT 就会跳过一个开关。另外，测试每个 CLB 单长线开关的布线是从上下输入输出，又漏掉 2 个开关，所以每个 CLB（除最上和最下之外）中的 96 个单长线开关一次可测 90 个。

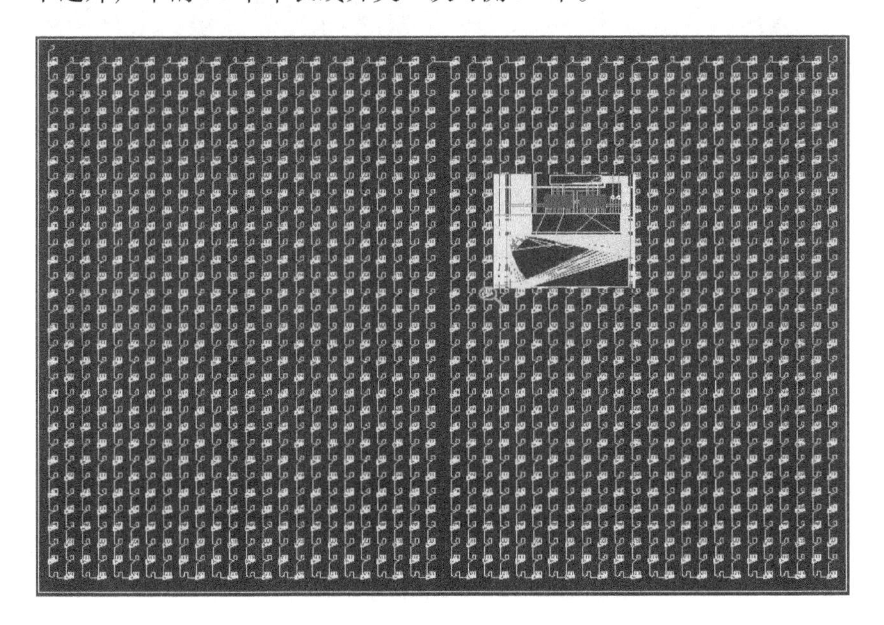

图 6.19　单长线斜向走线开关

测试最上面的 CLB 和最下面的 CLB 单长线开关的布线是左进下出或者左进上出，只漏掉 1 个开关，所以最上面的 CLB 和最下面的 CLB 单长线开关一次可以测 91 个。

实际测试中，数据输入脚为 P226，数据输出脚为 P175。理论上，通过 ISE9.1i 软件计算，路径总延迟为 54.3 μs。实际测试结果：通路可行，48.5 μs（上升延迟），38.2 μs（下降延迟）。

一次测试覆盖率为

$$(91\times2+90\times30)/(96\times32)=93.82\%$$

（2）测试单长线的上下走线

如图 6.20 所示是测试单长线上下走线，通过 W 方向开关的转接将上下方向的开关级联起来，每个 LUT 输出驱动 24 个 MOS 管开关。每个 CLB 中共进入两次 LUT，而这次目标是测上下方向的单长线开关，所以选择用 W 方向的单长线来插入 LUT，这样 24 个上下方向的单长线开关一次就可完全级联。

图 6.20　单长线上下走线

测试中，数据输入脚为 P226，数据输出脚为 P175。理论上，通过 ISE9.1i 软件计算，路径总延迟为 38.5 μs。实际测试结果：通路可行，34.5 μs（上升延迟），30.4 μs（下降延迟）。

一次测试覆盖率为 100%。

（3）测试六长线开关的上下走线

如图 6.21 所示是测试六长线上下走线。每个 CLB 的左右各有 6 组六长线布线矩阵，其中 2 组是双向的，4 组是单向的。每组六长线是间隔 2 个 CLB 相连的，它的规律如下：

从第1个CLB出发到第7个CLB结束，中间连接第4个CLB，并且第4个CLB只能作为输入用；第7个CLB中的六长线通过开关又可连到第10个CLB中的六长线上，接着又间隔2个CLB连下去。

从第2个CLB出发到第8个CLB结束，中间连接第5个CLB，并且第5个CLB只能作为输入用；第8个CLB中的六长线通过开关又可连到第11个CLB中的六长线上，接着又间隔2个CLB连下去。

从第3个CLB出发到第9个CLB结束，中间连接第6个CLB，并且第6个CLB只能作为输入用；第9个CLB中的六长线通过开关又可连到第12个CLB中的六长线上，接着又间隔2个CLB连下去。

按照上面的规律连接了每列的CLB，而且是按上下两个方向同时进行的，每组六长线之间又可通过转换开关连接。

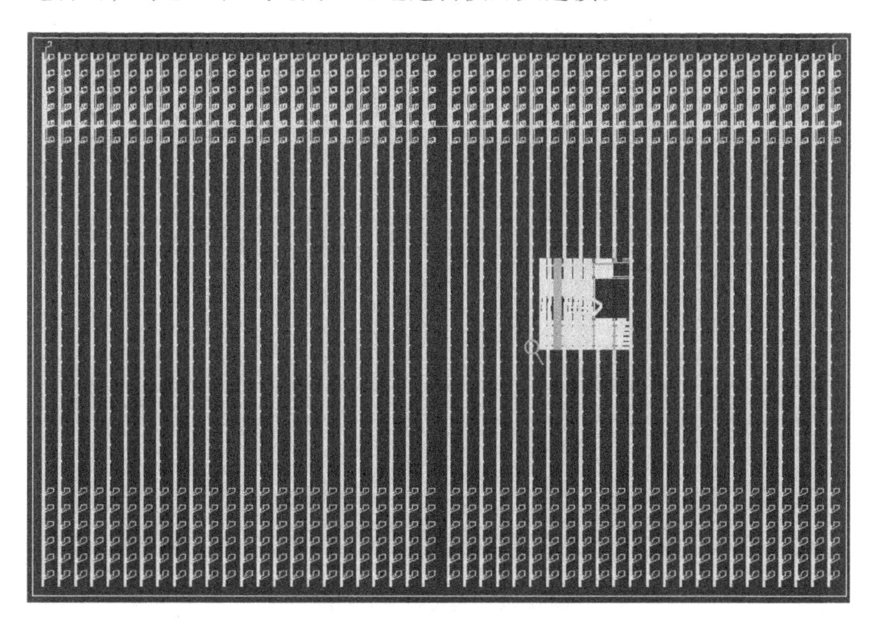

图6.21　六长线上下走线

基于上面的规律，将每组中六长线串联起来，再通过转换开关和插入LUT（单单依靠转换开关不够）将每组六长线之间级联起来。因为插入LUT，所以在每列中会跳过4个六长线上下方向的开关。测试六长线上下方向开关的同时也测试了六长线上下方向的线段。

测试时，数据输入脚为P226，数据输出脚为P175。理论上，通过 ISE9. 1i 软件计算，路径总延迟为 8. 0 μs。实际测试结果：通路可行，5. 9 μs（上升延迟），5. 8 μs（下降延迟）。

一次测试覆盖率为

$$(6\times32-4)/(6\times32)=97.92\%$$

（4）测试六长线开关的中间走线

前面提到过每段六长线的中间会连接一个 CLB，并且只能作为输入用，由六长线连到单长线上，如图 6. 22 所示的走线是用来测试此类开关的。它由六长线连到单长线上，再由单长线进入 LUT，输出到六长线上，这样不停地做循环。由于它只能作为单向输入，并且每个 CLB 中每边有 6 根，而只有 4 个 LUT 可以用，因此一次只能测试 6 根中的 4 根，剩下的 2 根需要做另一次测试。

图 6. 22　六长线中间走线

测试时，数据输入脚为 P226，数据输出脚为 P175。理论上，通过 ISE9. 1i 软件计算，路径总延迟为 13. 8 μs。实际测试结果：通路可行，11. 0 μs（上升延迟），10. 5 μs（下降延迟）。

一次测试覆盖率为

$$(4\times32)/(6\times32)=66.67\%$$

（5）测试全局总线的三态开关线

测试时，数据输入脚为 P3，数据输出脚为 P54，三态开关控制脚为 P226。理论上，通过 ISE9.1i 软件计算，路径总延迟为 3 652.574 ns。

图 6.23 中垂直方向的线为三态开关控制线，它到各开关的延迟最大值为 11.018 ns，最小值为 1.142 ns。

一次测试覆盖率为 100%。

表 6.3 总结了上面讨论的开关线网的一次性测试覆盖情况。实际测试中，可多次绕线，多次测试以达到 100%的测试覆盖。

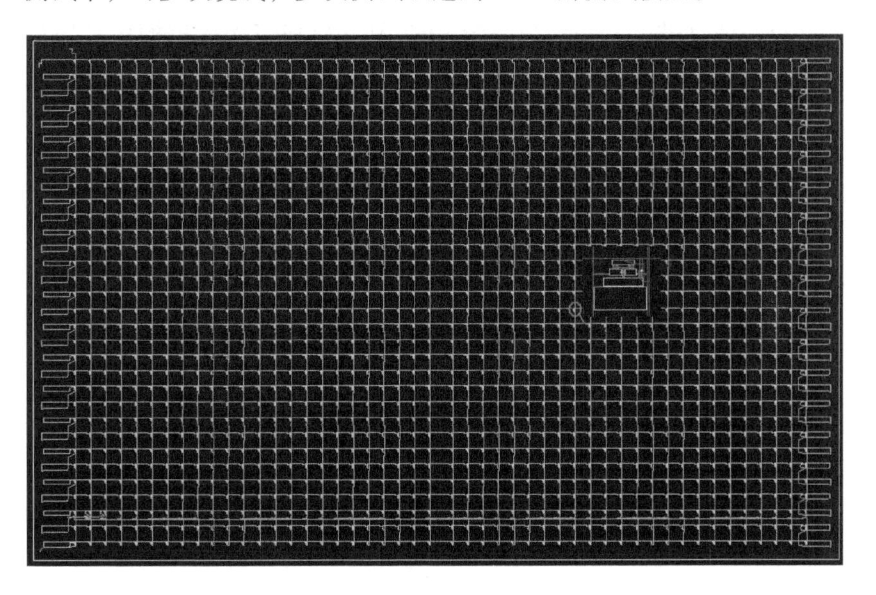

图 6.23　全局总线三态开关

表 6.3　开关线网测试覆盖率

测试资源	一次测试覆盖率
单长线的斜向开关	93.82%
单长线的上下走线	100%
六长线开关的上下走线	97.92%
六长线开关的中间走线	66.67%
全局总线的三态开关线	100%

§6.4 本章小结

本章主要研究 FPGA 的测试技术，分逻辑资源和布线资源两部分讨论。

在逻辑资源测试时，本章介绍了一种新的逻辑资源的分类方法，并在分类的基础上，利用统一的 BIST 结构完成了逻辑资源内部器件的全覆盖测试。采用动态重配置技术，可利用 11 次配置完成逻辑资源的测试。

在布线资源测试方面，本章介绍了两种新的测试配置方法：一是手动码点法测试，二是 XDL 法测试。针对布线资源中每一类型的布线开关，我们设计了对应的布线测试图形，实现了较好的一次性测试覆盖。对于一次性覆盖率较低的配置，如六长线开关的中间走线，可采用多次不同绕线配置，以达到接近 100%的覆盖测试。

第7章 FPGA芯片特性

在前面各章的基础上，设计了6 000门、20万门、30万门、100万门4款不同容量的FPGA。其中6 000门FPGA芯片规模较小，其采用0.5 μm的工艺设计，整个芯片工作频率最高为80 MHz；20万门、30万门、100万门FPGA有着相同的架构，最高工作频率为200 MHz。

§7.1　6 000 门 FPGA

7.1.1　芯片特征

6 000 门 FPGA 芯片含有兼容 IEEE 1149.1 的 JTAG 扫描链，可在线完成逻辑的配置、测试。由于电路是基于 SRAM 的 FPGA 电路，因此除 JTAG 配置外，还有串行主模式、串行从模式、并行主模式、并行从模式、同步外围模式、异步外围模式 6 种模式从外部非易失性存储器下载或接收 MCU、CPU 配置数据的功能，配置完成后电路进入正常工作状态。

芯片的基本逻辑单元是 CLB，电路中共有 256 个 CLBs，每一个 GLB 有 4 个 F 输入、4 个 G 输入、4 个 C 输入、进位输入及时钟输入等；每一个 CLB 含有 2 个 4 输入 LUT、1 个 3 输入 LUT、2 个触发器、1 个加/减法器、清零/置位电路，其中 F/G-LUT 可配置为 SRAM 电路。

芯片有 128 个可编程 IOB，采用 CQFJ84 封装，实际可用 61 个 IOB。每 2 个 IOB 通过布线连入长线，再通过长线连入一行或一列 CLB。每一个 IO 单元都可单独编程为复合输入、寄存器输入、锁存器输入、输出、带三态的双向 IO；输入输出电平可以配置兼容 TTL 或 CMOS。所有的 IO 单元也可以配置为上拉或下拉；同时 IO 单元设计了完整的 JTAG 边界扫描链，可用于电路测试和配置电路调试。

CLBs 与 IOBs 通过布线互联。每一行 CLBs 含 6 根长线、4 根双线、8 根单线；每一列 CLBs 含 4 根全局时钟、6 根长线、4 根双线、8 根单线。全局时钟、长线、双线、单线通过可编程开关矩阵（PSM）与其他局部互联单元连接到 CLBs、IOBs 单元。电路的四角也设计了专用的布线电路，使电路布线更加灵活。

芯片的 IOBs 中有 8 个可以配置为专用时钟端口，通过行与列中间的设计总线馈入每一个 CLB 与 IOB。此芯片规模较小，工作频率最高在 80 MHz，所以时钟网络没有设计专门的数字锁定环来消除时钟偏差。图 7.1 给出了相应的逻辑图，其中左上角是 JTAG 控制电路；右上角是振荡器等一些模拟电路；中间十字区用于电路的配置，横向是地址寄存器，竖向是配置数据寄存器；外围是 IOB 和布线区域；中间四个方块是相同的 8×8 CLB 阵列（图 7.2）。

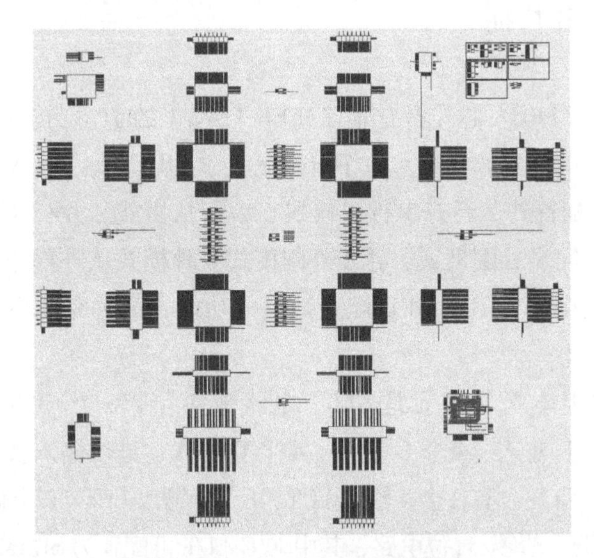

图 7.1　6 000 门 FPGA 逻辑图

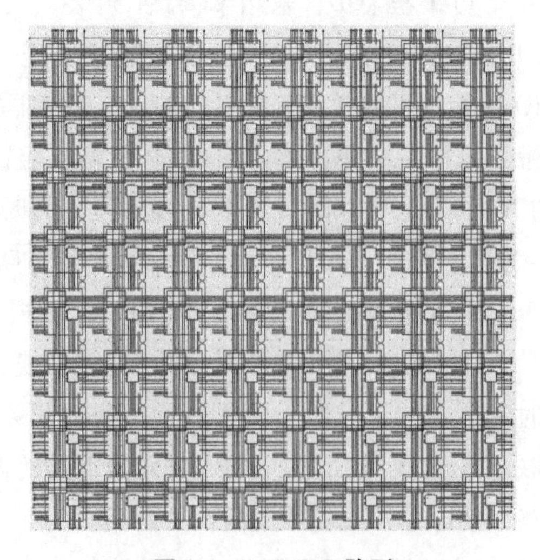

图 7.2　8×8 CLB 阵列

6 000 门 FPGA 芯片采用高性能的 0. 5 μm CMOS 技术设计，集成度为 128 万元件，采用 0. 5 μm EECMOS 单多晶三铝工艺技术设计生产，CQPF84 封装。6 000 门 FPGA 版图如图 7. 3 所示，版图设计面积为 7. 195 mm×6. 325 mm。

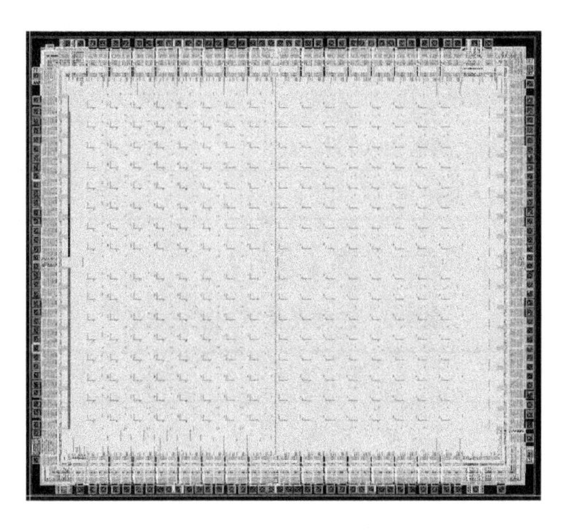

图 7. 3　6 000 门 FPGA 版图

7. 1. 2　主要性能

① 芯片的极限工作条件（表 7. 1）。

表 7. 1　芯片的极限工作条件

符号	参数	工作条件
V_{cc}	电源电压	−0. 5 V ~ +7. 0 V
V_{in}	输入电压范围	−0. 5 V ~ V_{cc}+0. 5 V
V_{ts}	三态时输入电压范围	−0. 5 V ~ V_{cc}+0. 5 V
T_{stg}	储存温度	−65 ℃ ~ 150 ℃
T_{a}	工作环境温度	−55 ℃ ~ 125 ℃
T_{j}	最高结温	150 ℃

② 正常工作条件（表7.2）。

表7.2 正常工作条件

符号	参数	最小	最大	单位
V_{cc}	电源电压（T_c=−55 ℃～125 ℃）	4.5	5.5	V
V_{IL}	输入低电压（TTL）	0.0	0.8	V
	输入低电压（CMOS）	0.0	20% V_{cc}	V
V_{IH}	输入高电压（TTL）	2.0	V_{cc}	V
	输入高电压（CMOS）	70% V_{cc}	100% V_{cc}	V

③ 正常条件下的直流参数（表7.3）。

表7.3 正常条件下的直流参数

符号	参数	测试条件	最小	最大	单位
V_{OL}	输出低电平	I_{ol}=12 mA（TTL）		0.4	V
	输出低电平	I_{ol}=12 mA（CMOS）		0.4	V
V_{OH}	输出高电平	I_{oh}=−4 mA（TTL）	2.4		V
	输出高电平	I_{oh}=−4 mA（CMOS）	V_{cc}−0.5		V
I_L	输入输出漏电流	V_{min}−V_{max}	−10	10	μA
I_{cco}	静态电流			6	mA
C_{in}	输入电容			10	pF
I_{rin}	输入上拉电流	V_{in}=0	−0.02	−0.25	mA
I_{rll}	行长线上拉电流		0.2	2.5	mA

7.1.3 芯片测试

芯片采用的测试流程如图7.4所示。其中，功能测试完成了FPGA的逻辑资源、布线资源及输入输出模块的测试。

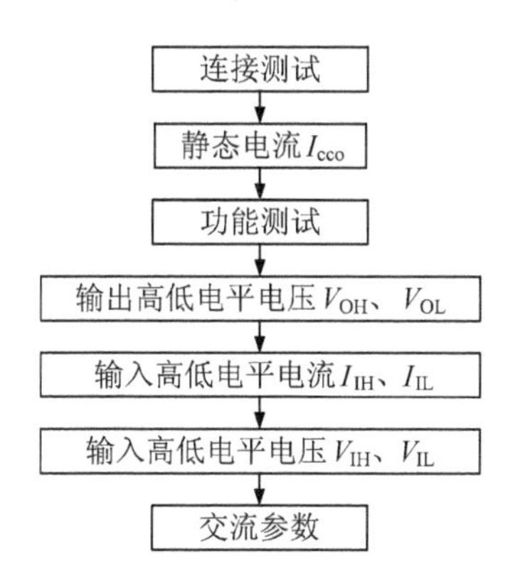

图 7.4　测试流程

首先针对芯片内部的结构生成了包含 LUT、SRAM、触发器、布线开关、长线、短线及 IO 等部分的所有功能码。在测试过程中，通过调试、分析、归纳、整理，形成了一个完成的测试向量集。利用此测试向量集，进行了电源拉偏测试。在电源拉偏 $V_{DD}=4.5$ V 和 $V_{DD}=5.5$ V，工作温度为低温-55 ℃、常温 25 ℃、高温 125 ℃条件下，完成测试向量集中规定的所有功能测试。在工作频率 $f=40$ MHz，工作温度为低温-55 ℃、常温 25 ℃、高温 125 ℃条件下完成向量集中规定的所有功能测试。

参数测试包括直流参数测试和交流参数测试。直流参数测试主要包括静态电流、输入高电平电流、输入低电平电流、输入高电平电压（TTL 和 CMOS）、输入低电平电压（TTL 和 CMOS）、输出高电平电压（TTL 和 CMOS）等测试。交流参数测试主要包括 I/O 端口部分、CLB 快速进位逻辑、CLB 时序逻辑、CLB 组合逻辑和 SRAM 部分等测试。

§7.2　20万门、30万门、100万门FPGA芯片

7.2.1　芯片特征

此3款FPGA均是基于SRAM配置的高密度可编程逻辑阵列电路。其中，20万门FPGA电路包含了42行×28列共1 176个可编程逻辑块、5 292个逻辑单元、56 KB的可编程Block RAM，以及可编程端口、DLL等模块，能在200 MHz高频下工作，可替换20万门以下的固定数字逻辑电路应用。其逻辑图如图7.5所示。

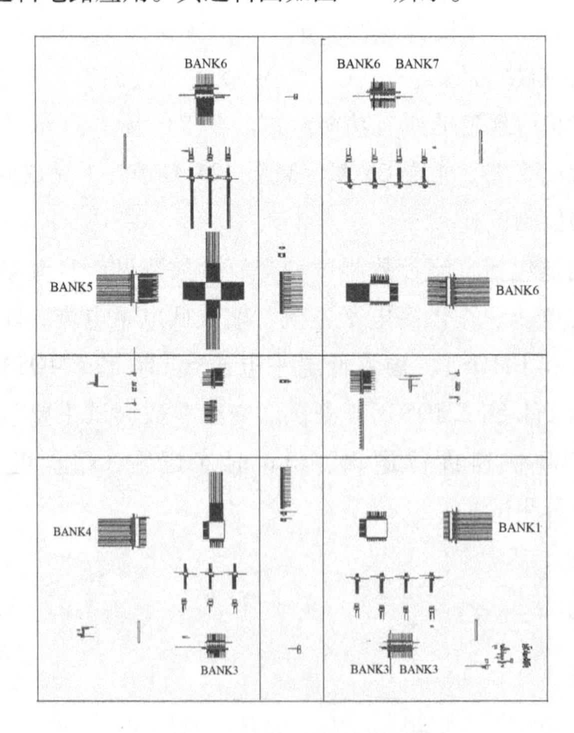

图7.5　20万门FPGA逻辑图

20 万门 FPGA 采用 0.22 μm CMOS 技术设计，版图设计面积为 10.5 mm×10.4 mm，采用 0.22 μm CMOS 单多晶五铝工艺技术设计生产，CQFP208 封装。其具体版图如图 7.6 所示。

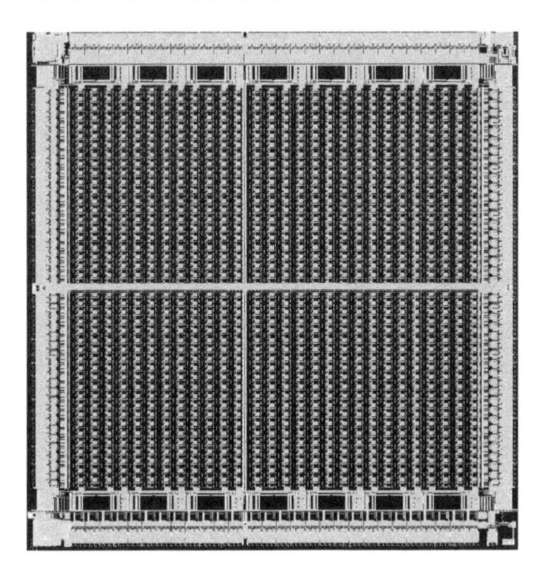

图 7.6　20 万门 FPGA 版图

30 万门 FPGA 电路包含了 48 行×32 列共 1 536 个可编程逻辑块、6 912 个逻辑单元、64 KB 的可编程 Block RAM，以及可编程端口、DLL 等模块，能在 200 MHz 高频下工作。可替换 30 万门以下的固定数字逻辑电路应用。其逻辑图如图 7.7 所示。

30 万门 FPGA 采用 0.25 μm CMOS 技术设计，版图设计面积为 11.6 mm×11.8 mm，采用 0.22 μm CMOS 单多晶五铝工艺技术设计生产，CQFP228 封装。其具体版图如图 7.8 所示。

100 万门 FPGA 电路包含了 64 行×96 列共 6 144 个可编程逻辑块、27 648 个逻辑单元、128 KB 的可编程 Block RAM，以及 512 个可编程端口、4 个 DLL 等模块，能在 200 MHz 高频下工作，可替换 100 万门以下的固定数字逻辑电路应用。其逻辑图如图 7.9 所示。

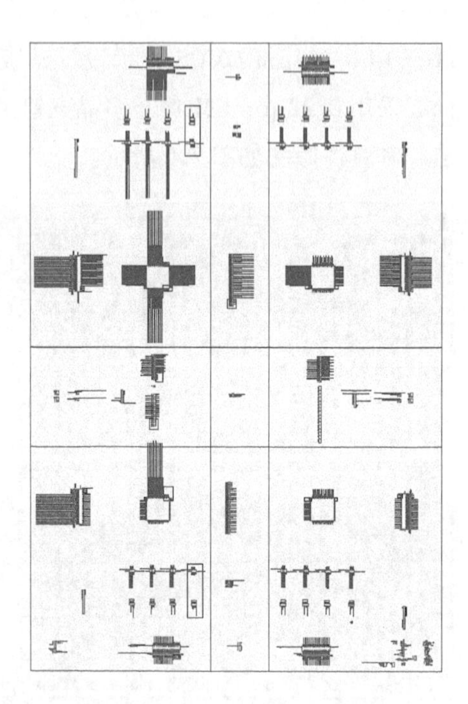

图 7.7　30 万门 FPGA 逻辑图

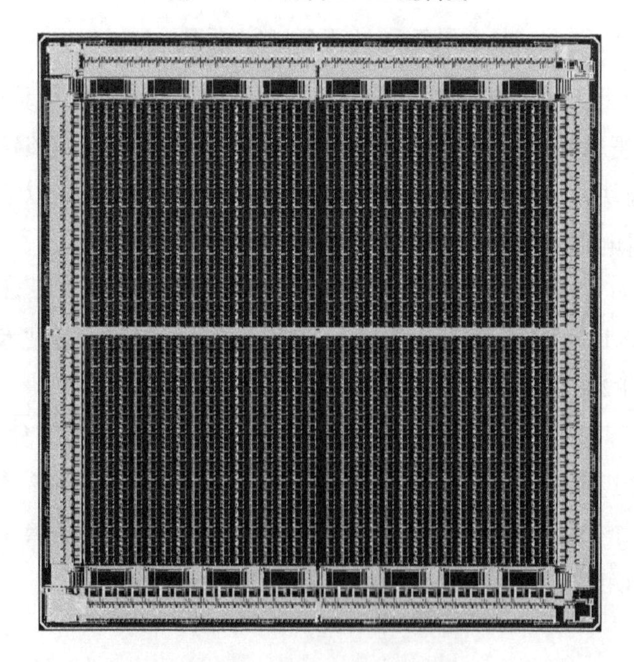

图 7.8　30 万门 FPGA 版图

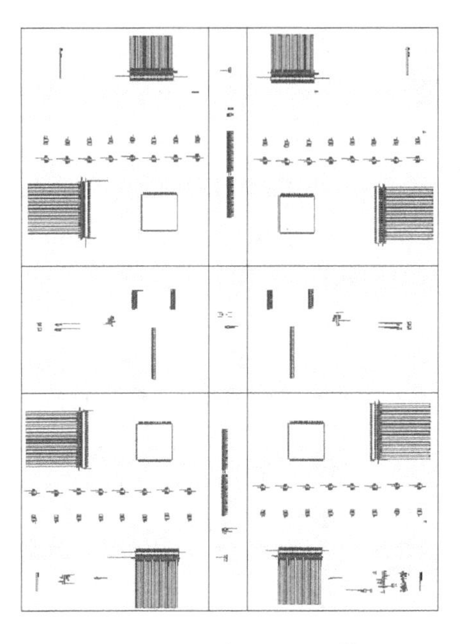

图 7.9　100 万门 FPGA 逻辑图

100 万门 FPGA 采用 0.22 μm CMOS 技术设计，版图设计面积为 20.47 mm×20.23 mm，采用 0.22 μm CMOS 单多晶五铝工艺技术设计生产，CPGA560 封装。其具体版图如图 7.10 所示。

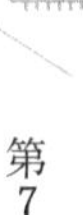

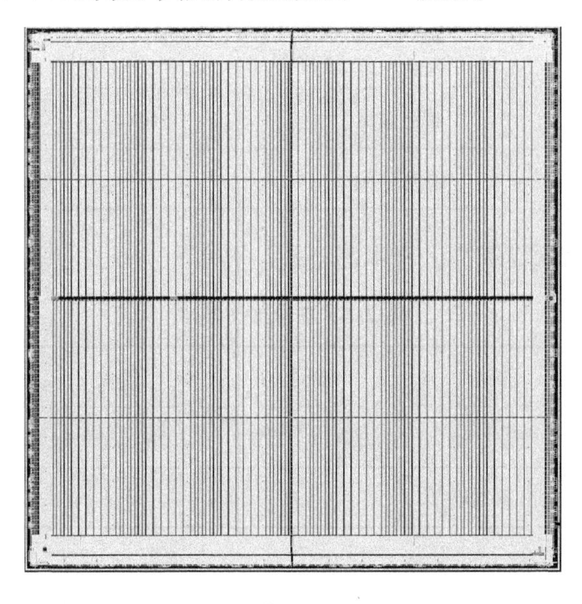

图 7.10　100 万门 FPGA 版图

7.2.2 主要性能

20 万门、30 万门、100 万门 FPGA 采用的是相同架构，不同于 6 000 门 FPGA 的 CLB、IOB 结构。它们之间的差别在于 CLB 阵列、IOB 个数、块 RAM 等规模的不同。

① 芯片的极限工作条件（表 7.4）。

表 7.4 芯片的极限工作条件

符号	描述		最小	最大	单位
V_{ccint}	电源电压		-0.5	3.0	V
V_{cco}	输出驱动电压		-0.5	4.0	V
V_{ref}	输入参考电压		-0.5	3.6	V
V_{in}	输入电压	5 V 限制	-0.5	5.5	V
		无限制	-0.5	V_{cco}+0.5	V
V_{ts}	三态时输入电压	5 V 限制	-0.5	5.5	V
		无限制	-0.5	V_{cco}+0.5	V
T_{stg}	储存温度		-65	150	℃
T_j	最高结温			150	℃

② 正常工作条件（表 7.5）。

表 7.5 正常工作条件

符号	描述	最小	最大	单位
V_{ccint}	电源电压	2.5×（1-5%）	2.5×（1+5%）	V
V_{cco}	输出驱动电压	1.4	3.6	V

③ 正常条件下的直流参数（表 7.6）。

表 7.6　直流参数

符号	描述	最小	典型	最大	单位
V_{drint}	数据保持 V_{ccint} 电压	2.0			V
V_{drio}	数据保持 V_{cco} 电压	1.2			V
I_{ccintq}	静态 V_{ccint} 电流		15	150/150/200	mA
I_{ccoq}	静态 V_{cco} 电流			2	mA
I_{ref}	V_{ref} 电流			20	μA
I_{l}	输入输出漏电流	-10		10	μA
C_{in}	输入电容			8	pF
I_{rpu}	V_{in} = 0 V，V_{cco} = 3.3 V 时的端口上拉电流			0.25	mA
I_{rpd}	V_{in} = 3.6 V 时的端口下拉电流			0.15	mA

7.2.3　芯片测试

（1）ATE 测试

这 3 款电路采用相同的测试方法，即用 Teradyne 公司的 J750 测试系统对芯片进行全面的面向结构的测试。测试时使用外加大容量的 Flash 和 CPLD。Flash 用来存储大量的配置文件，CPLD 作为配置控制芯片（控制配置方式、配置时序和配置速率等）。如图 7.11 所示是 ATE 测试电路板，其中左边的 4 块芯片是 Flash，中间的小芯片是 CPLD，右边是被测芯片插座。

测试系统仅需要在 PROGRAM 引脚提供低脉冲，由 CPLD 控制完成整个配置过程；测试板支持所有模式的配置方式；测试的电路包含基本逻辑单元 CLB、可编程开关阵列、可编程 I/O 口等。测试中采用如下测试方案：布线和逻辑资源采用第 6 章中的方法测试，其测试覆盖率情况见表 7.7。

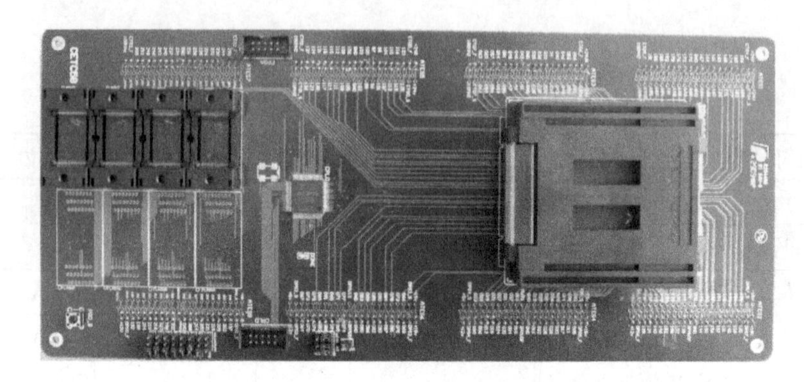

图 7.11　ATE 测试电路板

表 7.7　布线和逻辑资源测试覆盖率情况

资源名称	覆盖率
块 RAM	100%
三态缓冲	100%
锁存器	100%
触发器	100%
进位逻辑	100%
算术与门	100%
MUXF6	100%
移位寄存器	100%
分布式 RAM	100%
单长线开关（一次测试覆盖率）	100%
单长线斜向开关（一次测试覆盖率）	93.82%
单长线上下走线（一次测试覆盖率）	100%
六长线开关上下走线（一次测试覆盖率）	97.92%
六长线开关中间走线（一次测试覆盖率）	66.67%
全局总线三态开关线	100%

直流参数的测试包括：端口漏电、端口驱动、端口上拉下拉、电

源静态电流、配置数据保持电压、电源拉偏等；交流参数的测试包括：IOB、CLB、分布式 RAM、移位寄存器、BRAM、TBUF、JTAG、全局时钟及 DLL。通过 SELECTMAP 接口和 JTAG 配合完成 I/O 端口的电平测试，交流参数测试通过手工布线配置内部的资源，完成所有交流参数的测试。

（2）设计评价

设计中，对芯片进行了设计评价，用于验证设计的正确性。评价系统如图 7.12 所示。

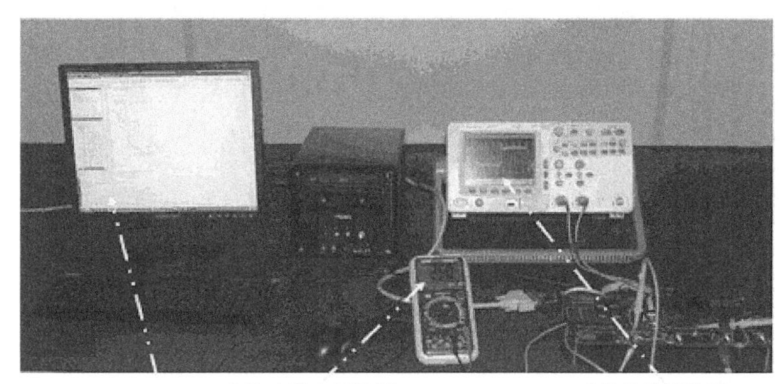

软件系统　电路内核电压监测　示波器检测结果

图 7.12　FPGA 评价系统

20 万门、30 万门、100 万门的 FPGA 采用相同的体系结构，不同处在于 CLB 阵列的数量、IOB 的数量，其基本模块采用相同结构。这三款产品采用相同的工艺流片，采用的测试方法一致。其中主要模块的性能相同，简要的测试情况如下。

① DLL 部分高频评价。

对于 DLL 的评价，本系统使用专门设计的高频测试板（图 7.13）评价。

测试中，对倍频（2 倍频）、分频（1.5、2、2.5、3.5、4、4.5、5、5.5、6、6.5、7、7.5、8、9、10、11、12、13、14、15、16 分频）和最高频率完成了测试并通过。此测试使用 2 个 DLL 级联实现了 200 MHz 波形（图 7.14）的测试。

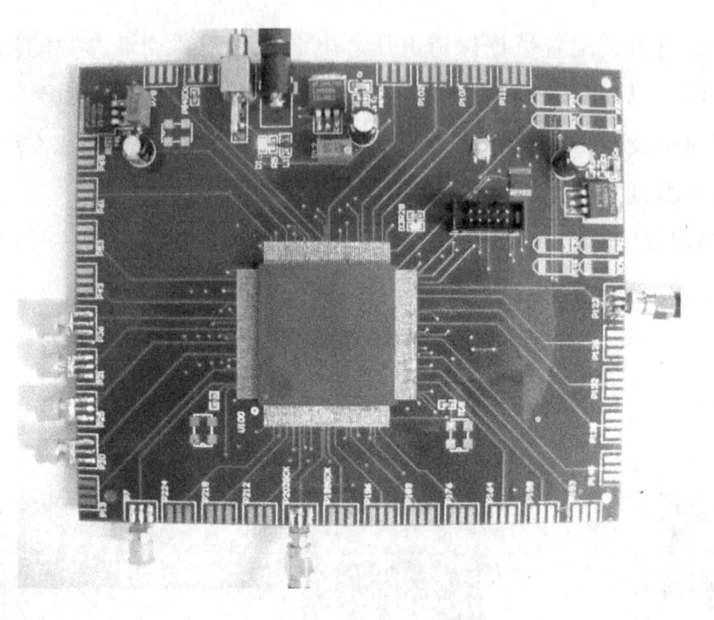

图 7.13　高频测试板

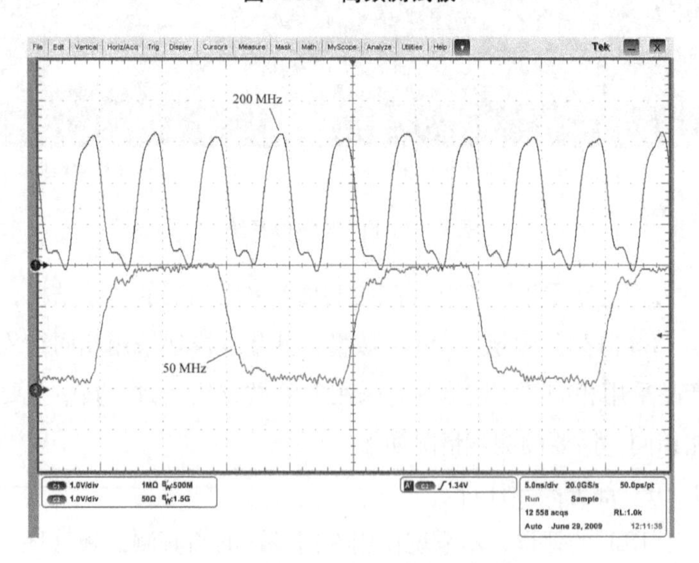

图 7.14　200 MHz DLL 波形图

② I/O 端口评价。

本书主要针对端口的驱动能力和速度进行评价。图 7.15 为利用电路内部资源实现环振对输出端口评价形成的波形图，图中给出了 FPGA 内部配置成 20 级环振时的速度及 I/O 端口在 LVTTL 12 mA slow

模式下速度和端口上升沿、下降沿的情况。其中，振荡频率为 37.28 MHz，下降沿为 1.875 ns。

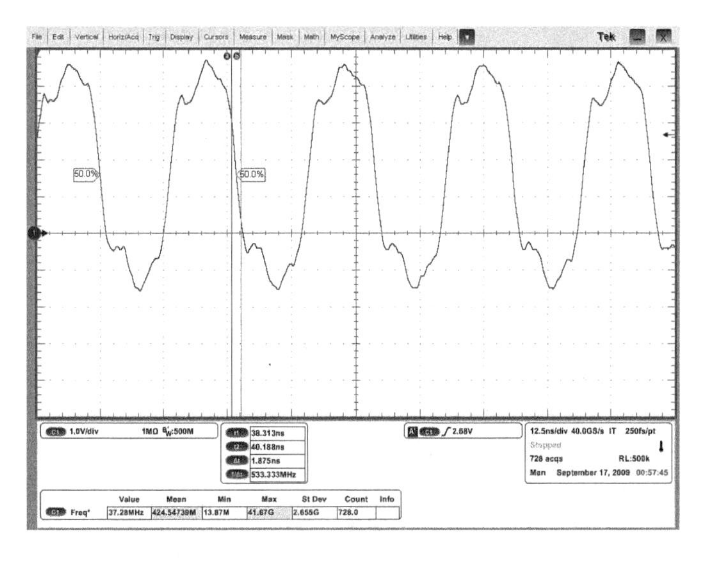

图 7.15　20 级环振波形图

在驱动能力的简单评价中，将端口配置成 LVTTL 12 mA slow 输出，常高时用电流表接地测对地电流；常低时用电流表测端口 V_{CCO} 3.3 V 时的电流。结果见表 7.8。

表 7.8　20 万门、30 万门、100 万门芯片端口驱动能力

测试条件	驱动能力/mA
输出高，接地测	37
输出低，接 V_{CCO}测	63

③ LUT 性能测试评价。

由于 LUT 在 CLB 的内部，没有直接的引脚输出测试。测试评价中，采用带有异步置位和清零的寄存器一个，以及 40 级 LUT 配置的反相器，组成片内环振再输出到端口测量，端口输出采用配置模式为 LVTTL 4 mA 及 6 mA 的 slow 模式。结果见表 7.9。

表 7.9　20 万门、30 万门、100 万门芯片 LUT 延时测试结果

测试条件/mA	测试结果/MHz
4	21.16
6	21.15

总的来说，20 万门、30 万门、100 万门 FPGA 采用相同的架构，除规模有所区别之外，其他各项指标均比较接近。

§7.3　本章小结

本章将前面各章讨论的技术应用到 6 000 门、20 万门、30 万门、100 万门 4 种 FPGA 中，其中 6 000 门 FPGA 主要指标已达到实用化。20 万门、30 万门、100 万门 FPGA 采用 0.25 μm 单多晶五铝 CMOS 工艺，最高工作频率为 200 MHz，达到了各项抗辐照指标。经测试应用，进一步证明了本书提出的设计方法、加固技术、测试方法的有效性。

第8章 结束语

总结回顾本书的主要工作和创新成果，并给出后续研究工作的努力方向。

本书分析了 FPGA 的性能特点、面积效率、抗辐照特性及测试方法，论述了 FPGA 的国内外发展的情况，着重从大规模、高性能、抗干扰、抗辐照的角度研究基于 SRAM 的 FPGA 的芯片设计技术。主要完成的工作及创新性成果如下：

① 在体系结构方面，针对基于岛状 FPGA 的架构，提出了大容量 FPGA 的阵列式扩展设计方法。本书以层构为最小扩展单位，每个边上 IOB 口的数量和层构的数量存在正比关系。其中，X 方向上，每个 CLB 宽度对应 3 个 IOB；Y 方向上，每个 CLB 宽度对应 2 个 IOB。FPGA 的逻辑阵列由层构按一定规律组合平铺而成。同时，4 个角落里还有配置电路、时钟延时锁定环（DLL）及一些非特征化电路。利用此扩展方式，成功设计了 32×48、48×72、64×96 等不同层构阵列大小的三款 FPGA。针对大容量 FPGA 中布线延迟问题，给出了层次化布线的设计方案，优化了层构扩展时大容量 FPGA 布线性能。

根据芯片架构和规模的不同，本书针对小规模 FPGA，提出了一种新的基于 JTAG 的配置结构。配置电路利用位流长度计数器、地址计数器和数据计数器等 3 个计数器，以帧为单位，控制配置数据流写入到配置平面，完成配置。具体的配置电路用于 6 000 门 FPGA 的设计，实现的电路具有较小的面积，占整个 FPGA 芯片的 3%。针对规模较大的可扩展 FPGA 架构，本书设计了一种基于状态机易于扩展的配置电路实现方案，给出了详细的从上电清零到配置启动的各种电路的设计仿真。

针对 FPGA 逻辑模块的设计，本书提出了一种高性能查找表的设计。测试结果表明，与相同工艺水平的商用 Xilinx 的 Spartan 系列 FPGA 中的 LUT 相比，本书设计的查找表在读延时相近的情况下，写和移位延时平均提高了 13%。为进一步优化 CLB 的算术运算性能，本书改进了 CLB 中进位链的设计。在接口逻辑方面，针对目前输入输出接口中的多电平及高电压兼容问题，本书提出了一个实用的可编程端口的解决方案，实现了端口上 3.3 V 和 5 V 的电压兼容，同时提供了 16 种灵活的可编程电平标准设计。

为提高 FPGA 的整体性能和可靠性，本书优化设计了 FPGA 配置单元，并建立了蝶形图到噪声容限的转化电路仿真模型。根据六管结构 FPGA 配置单元的应用条件，仿真得出 FPGA 配置单元静态噪声容限随电源电压单调递增的关系，为提高 FPGA 配置单元噪声容限的设计提供了设计思路和理论依据。据此书中进一步提出并实现了由基准、电荷泵和比较器组成的反馈控制供电结构，用于配置单元的全局供电，提高了 FPGA 单元的噪声容限，实现低压下配置信息的维持。实际的仿真和测试结果表明，利用此新结构，2.5 V 工作电压的配置单元，能在 1.8 V 下可靠地保持配置信息，并在低压下仍具备较高的静态噪声容限。

另外，在全局时钟网络的设计中，提出了分层时钟网络模型，引入数字延迟锁定环（DLL）提高时钟网络的性能。

② 针对 FPGA 的抗辐照性能，本书在工艺、版图和电路设计方面，研究了 FPGA 的抗辐照技术，主要设计了一种新的大头栅版图结构用于总剂量加固，并采用 P 型硅表面掺杂浓度提高注入，以及对场氧区和 N^+ 注入区进行了硼注入。辐照后芯片的电源电流测试表明，加固设计的失效拐点为 90 krad，100 krad 时电流变化 20%；国外 30 万门 FPGA 芯片 XQVR300 的失效拐点在 75 krad，100 krad 时电流变化 60%。

③ 通过对 FPGA 的测试技术的研究，本书将 FPGA 的测试分为逻辑资源和布线资源两部分讨论。在逻辑资源测试方面，提出了一种新的逻辑资源的分类方法，并在分类的基础上，利用统一的 BIST 结构完成了逻辑资源内部器件的全覆盖测试。采用动态重配置技术，可利用 11 次配置完成逻辑资源的测试。

在布线资源测试方面，本书提出了 2 种新的测试配置方法：一是手动码点法测试，二是 XDL 法测试。针对布线资源中每一类型的布线开关，我们设计对应的布线测试图形，较好地完成了一次性测试覆盖。对于一次性覆盖率较低的配置，如六长线开关的中间走线，可采用多次不同绕线配置，达到接近 100%的覆盖测试。

本书的研究成果最后被应用到 6 000 门、20 万门、30 万门、100 万门不同容量 FPGA 的设计中。芯片采用 0.25 μm CMOS 单多晶五铝工艺技术设计，正常工作时内核电压为 2.5 V，其性能满足了设计要求。最高工作频率达到 200 MHz，并能在 1.8 V 电压下维持配置信息，有较好的抗干扰维持能力。

目前，在设计中已经对 FPGA 的体系架构及底层硬件设计积累了较多的经验，完成了一个系列不同容量 FPGA 的设计。今后的工作将更多地开发完整的软硬件平台，开发相应的 FPGA 编译平台；继续研究 FPGA 的测试技术，建立通用的 FPGA 测试平台。另外，需继续研究 FPGA 的抗辐照设计，以满足日益增多的高可靠 FPGA 的应用需求。

参考文献

[1] Snyder E S, McWhorter P J. Radiation response of floating gate EEPROM memory cells [J]. IEEE Transactions on Nuclear Science, 1989, 36(6): 2131-2139.

[2] Fabula J. The NSEU response of static latch based FPGAs[C]// The IEE Seminar on Cosmic Radiation Single Event Effects and Avionics. London: IET, 2005.

[3] Gao H X, Yang Y T, Dong G. Theoretical analysis of effect of LUT size on area and delay of FPGA [J]. Chinese Journal of Semiconductors, 2005, 26(5): 893-898.

[4] Ahmed E, Rose J. The effect of LUT and cluster size on deep-submicron FPGA performance and density[J]. IEEE Transactions on Very Large Scale Integration (VLSI) Systems, 2004, 12(3): 288-298.

[5] Li X Z, Yang H G, Zhong H. Use of VPR in design of FPGA architecture[C]//8th International Conference on Solid-State and Integrated Circuit Technology Proceedings. Shanghai: IEEE Press, 2006: 1880-1882.

[6] Kuon I, Rose J. Area and delay trade-offs in the circuit and architecture design of FPGAs [C]. Proceedings of the 16th international ACM/SIGDA symposium on Field programmable gate arrays. New York: ACM, 2008: 149-158.

[7] 张惠国，唐玉兰，于宗光，等. FPGA 高性能查找表的设计与实现[J].固体电子学研究与进展，2009，29(4):584-588.

[8] 张惠国，王文锋，于宗光. FPGA 快速进位链设计[J].常熟理工

学院学报,2007,21(8):75-79.

[9] Khue D,Stephen M T,Bernard J N.Fast carry out scheme in a field programmable gate array:US 5675262[P].1997-10-07.

[10] 张惠国,于宗光. 可编程输入输出接口设计研究[J].中国电子科学研究院学报,2010,5(1):19-23.

[11] Zhang H G,Tang Y L,Yu Z G. An FPGA configuration circuit based on JTAG [C]//4th IEEE Conference on Industrial Electronics and Applications. New York: IEEE, 2009: 2588-2590.

[12] Test Technology Standards Committee of the IEEE Computer Society. IEEE standard test access port and boundary-scan architecture:IEEE Std 1149.1-2001 [S]. New York: IEEE, 2001:18-32.

[13] Xilinx. Virtex series configuration architecture user guide[EB/OL]. (2004-10-20). http://www.xilinx.com/support/documentation/application_notes/xapp151.pdf.

[14] 张惠国,王晓玲,唐玉兰,等. 一种用于 FPGA 配置的抗干扰维持电路[J].电子学报,2011,39(5):1169-1173.

[15] Luo Z,Steegen A,Eller M,et al.High performance and low power transistors integrated in 65nm bulk CMOS technology [C]// IEDM Technical Digest. IEEE International Electron Devices Meeting.New York:IEEE,2004:661-664.

[16] Seevinck E,List F J,Lohstroh J.Static noise margin analysis of MOS SRAM cells[J].IEEE Journal Solid-State Circuits,1987, 22(5):748-754.

[17] Dickson J F.On-chip high-voltage generation in MNOS integrated circuits using an improved voltage multiplier technique[J].IEEE Journal Solid-State Circuits,1976,11(3):374-378.

[18] 张惠国,于宗光. FPGA 时钟分配网络设计技术[J].微计算机信息,2008,24(2):188-190.

[19] Jasinski R. Fault-tolerance techniques for SRAM-based FPGAs [J]. The Computer Journal, 2007, 50(2): 248.

[20] 张惠国,徐彦峰,曹正州,等. FPGA逻辑资源重配置测试技术研究[J].固体电子学研究与进展,2011,31(3):292-297.

[21] Renovell M, Zorian Y. Different experiments in test generation for Xilinx FPGAs [C]//Proceedings International Test Conference 2000. New York: IEEE, 2000: 854-862.

附录 1　短线开关测试的码点转换 Verilog 程序

程序 1

```
//----转化为每行 18 bits 的文件 top1.vec (32-to-18)----//
module trans3218;

`define word        31:0
`define num         1008
parameter   load_file_name  =  "/home/jqvr300/czz_1/code/
  dummy.vec";

integer         vec_file;
reg             clk;
reg[`word]      main_memory[`num-1:0];
reg[`word]      data_from_memory;
reg             start;
reg[4:0]        xcount;
reg[15:0]       ycount;
reg[4:0]        zcount;
reg[17:0]       temp;
reg             flag;
reg             data_in;
reg[5:0]        wcount;

always #10 clk=~clk;
```

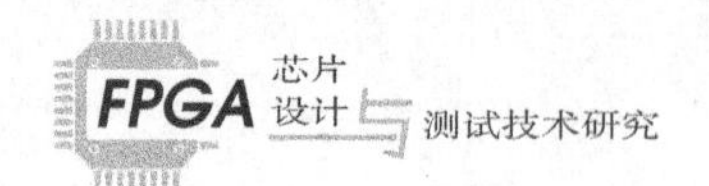


```
task load_memory;
begin
   $readmemb(load_file_name,main_memory);
end
endtask

always@(posedge clk)
    if(!start)
    begin
        xcount<=5'h1F;
        ycount<=16'h0001;
        data_from_memory<=main_memory[0];
    end
    else if(xcount==5'h00)
    begin
       data_in <=data_from_memory[xcount];
       data_from_memory<=main_memory[ycount];
       ycount <=ycount+1;
       xcount <=5'h1F;
    end
    else
    begin
       data_in <=data_from_memory[xcount];
       xcount <=xcount-1;
    end

always@(posedge clk)
    if(!start)
                          zcount<=0;
    else
```

```
        if(zcount<18)         zcount<=zcount+1;
        else                  zcount<=1;

always@(negedge clk)  if(zcount==18) flag <=1; else flag <=0;
always@(negedge clk)  temp[zcount-1]<=data_in;

always@(posedge flag or negedge start)
      if(!start)
            wcount<=0;
      else
            if(wcount<34) wcount<=wcount+1;
            else          wcount<=1;

always@(wcount)
      if(wcount==34)   begin
            ycount<=ycount+2;
            xcount<=5'h1F;
            data_from_memory<=main_memory[ycount+1];
      end

always@(posedge flag)
begin
    $fdisplay(vec_file,"%b%b%b%b%b%b%b%b%b%b%b%
      b%b%b%b%b%b%b",temp[0],temp[1],temp[2],temp
      [3],temp[4],temp[5],temp[6],temp[7],temp[8],
      temp[9],temp[10],temp[11],temp[12],temp[13],
      temp[14],temp[15],temp[16],temp[17]);
end

initial
```

```
begin
clk=0;
vec_file= $fopen("top1. vec");
load_memory;
start=1'b0;
#100
start=1;
#645_300
$finish;
end

endmodule
```

程序 2

```
//-将96个开关中需要打开的那些位在码点中写上"1"codegen-//
module codegen;

`define word   17:0
`define num    1792

parameter   load_file_name  =  "/home/jqvr300/czz_1/code/
  top1. vec";
parameter   set_bit78=18'b0000_0001_1000_0000_00;
parameter   set_bit67=18'b0000_0011_0000_0000_00;

integer        vec_file;
reg            clk;
reg[`word]     main_memory[`num-1:0];
reg[`word]     data_from_memory;
reg            start;
```

```
reg[4:0]        xcount;
reg[16:0]       ycount;
reg[5:0]        zcount;
reg[17:0]       temp;
reg             flag;
reg             data_in;
reg[5:0]        wcount;
reg[17:0]       temp_p;
reg[5:0]        tcount;

always #10 clk=~clk;

task load_memory;
begin
  $readmemb(load_file_name,main_memory);
end
endtask

always@(posedge clk)
    if(!start)
    begin
          xcount<=5'h11;
          ycount<=16'h0001;
          data_from_memory<=main_memory[0];
    end
    else if(xcount==5'h00)
    begin
        data_in <=data_from_memory[xcount];
        data_from_memory <=main_memory[ycount];
        ycount <=ycount+1;
```

```
            xcount <=5'h11;
        end
        else
        begin
            data_in <=data_from_memory[xcount];
            xcount <=xcount-1;
        end

always@(posedge clk)
    if(!start)
                        zcount<=0;
    else
        if(zcount<18)   zcount<=zcount+1;
        else            zcount<=1;

always@(negedge clk)  if(zcount==18) flag <=1; else flag <=0;
always@(negedge clk)  temp[zcount-1]<=data_in;

always@(posedge flag or negedge start)
    if (!start)
        wcount<=0;
    else
        if(wcount<34)   wcount<=wcount+1;
        else            wcount<=1;

always@(posedge flag or negedge start)
    if (!start)
            tcount<=0;
    else
        if(wcount==33)   tcount<=tcount+1;
```

```
always@ (tcount or wcount)
    if(tcount%2==0)
        if((wcount-1)%2==0||wcount==34) temp_p<=temp;
        else    temp_p<=temp|set_bit78;
    else if((tcount-1)%4==0)
        if((wcount-1)%2==0||wcount==34) temp_p<=temp;
         else    temp_p<=temp|set_bit78;
    else
        if((wcount-1)%2==0||wcount==34) temp_p<=temp;
        else    temp_p<=temp|set_bit67;

always@ (posedge flag)
begin
    #2;
     $fdisplay(vec_file,"%b%b%b%b%b%b%b%b%b%b%b%
       b%b%b%b%b%b%b",temp_p[0],temp_p[1],temp_
       p[2],temp_p[3],temp_p[4],temp_p[5],temp_p[6],
       temp_p[7],temp_p[8],temp_p[9],temp_p[10],temp_
       p[11],temp_p[12],temp_p[13],temp_p[14],temp_
       p[15],temp_p[16],temp_p[17]);
end

initial
begin
clk=0;
vec_file= $fopen("top2. vec");
load_memory;
start=1'b0;
#100
start=1;
```

```
#645_300
 $finish;
end

endmodule
```

程序 3

```
//-top2. vec 转化成 32 bits 一行的码点,并增加填充位(18-to-
   32)-//
module trans1832;

`define word   17:0
`define num    1792

parameter      load_file_name = "/home/jqvr300/czz_1/code/
   top2. vec";

integer        vec_file;
reg            clk;
reg[`word]     main_memory[`num-1:0];
reg[`word]     data_from_memory;
reg            start;
reg[4:0]       xcount;
reg[16:0]      ycount;
reg[5:0]       zcount;
reg[31:0]      temp;
reg            flag;
reg            data_in;
reg[5:0]       wcount;
```

```
always #10 clk = ~clk;

task load_memory;
begin
  $readmemb(load_file_name,main_memory);
end
endtask

always@ (posedge clk)
    if( ! start)
    begin
        xcount<=5'h11;
        ycount<=16'h0001;
        data_from_memory<=main_memory[0];
    end
    else if(xcount==5'h00)
    begin
        data_in <=data_from_memory[xcount];
        data_from_memory<=main_memory[ycount];
        ycount <=ycount+1;
        xcount <=5'h11;
    end
    else
    begin
        data_in <=data_from_memory[xcount];
        xcount <=xcount-1;
    end

always@ (posedge clk)
    if ( ! start)
```

```
            zcount<=0;
    else
        if(zcount<32)       zcount<=zcount+1;
        else                zcount<=1;

always@(negedge clk)    if(zcount==32) flag <=1; else flag <=0;
always@(negedge clk)    temp[zcount-1]<=data_in;

always@(posedge flag or negedge start )
    if(!start)
                            wcount<=0;
    else
       if(wcount<21)        wcount<=wcount+1;
       else                 wcount<=1;

always@(negedge clk)
    if((wcount==19||wcount==20)&&(xcount==17))    begin
        #1  data_from_memory<=18'h0_0000;
        #1  ycount <=ycount-1;        end

always@(posedge flag)
   if(wcount==20&&zcount==32)                    begin
        #1  data_from_memory<=main_memory[ycount];
        #1  xcount<=17;
        #1  ycount<=ycount+1;      end

always@(posedge flag)
begin
   $fdisplay(vec_file,"%b%b%b%b%b%b%b%b%b%b%b%
     b%b%b%b%b%b%b%b%b%b%b%b%b%b%b%b%
```

```
    b%b%b%b",temp[0],temp[1],temp[2],temp[3],temp
    [4],temp[5],temp[6],temp[7],temp[8],temp[9],
    temp[10],temp[11],temp[12],temp[13],temp[14],
    temp[15],temp[16],temp[17],temp[18],temp[19],
    temp[20],temp[21],temp[22],temp[23],temp[24],
    temp[25],temp[26],temp[27],temp[28],temp[29],
    temp[30],temp[31]);
end

initial
begin
clk=0;
vec_file= $fopen("top3.vec");
load_memory;
start=1'b0;
#100
start=1;
#645_300
 $finish;
end
endmodule
```

附录 2　XDL 语法简述及短线开关测试实例

1. XDL 的语法描述与资源表述

在 XDL 语法中主要有两种关键字“inst”和“net”。inst 是用来描述基本单元的，net 是用来描述线网的。

（1）inst 的语法

inst 的语法如下：

```
instance <name> <sitedef>,placed <tile> <site>,cfg <string>;
```

或者

```
instance <name> <sitedef>,unplaced,cfg <string>;
```

例子如下：

```
inst "a1" "SLICE",placed R1C25 CLB_R1C25. S0,
cfg " BXMUX::#OFF BYMUX::#OFF CEMUX::#OFF CKINV::#
  OFF COUTUSED::#OFF CY0F::#OFF CY0G::#OFF CYINIT::#
  OFF CYSELF::#OFF CYSELG::#OFF DXMUX::#OFF DYMUX::#
  OFF F:LUT2_inst:#LUT:D=A2 F5USED::#OFF FFX::#OFF
  FFY::#OFF FXMUX::F G:LUT4_inst:#LUT:D=A1 GYMUX::G
  INITX::#OFF INITY::#OFF RAMCONFIG::#OFF REVUSED::#
  OFF SRFFMUX::#OFF SRMUX::#OFF SYNC_ATTR::#OFF
  XBUSED::#OFF XUSED::0 YBMUX::#OFF YUSED::0 "
;
```

（2）net 的语法

net 的语法如下：

```
net <name> <type>,
  //type 表示线网的类型,缺省默认为 wire 型,可以为 power,
  vcc,vdd 或者 ground,gnd
```

```
outpin <inst_name> <inst_pin>,//表示输出到线网的信号端
……
inpin <inst_name> <inst_pin>,    //表示线网的输出信号端
……
pip <tile> <wire0> <dir> <wire1>,# [<rt>]
……
;
```

<dir>表示下面 4 种符号：

```
==    双向无缓冲开关
=>    双向开关，单向缓冲
=-    双向缓冲开关
->    单向缓冲开关
```

例子如下：

```
net "b_OBUF16",
  outpin "b_OBUF16" Y,
  inpin "b" O,
  pip R32C25 OUT3->S10,
  pip R32C25 S0_Y->OUT3,
  pip BC25 BOT_N10->BOT_N_BUF10,
  pip BC25 BOT_N_BUF10->BOT_O1,
  ;
```

2. XDL 描述一个 CLB 的 96 个短开关的布线

程序如下：

```
net "a_IBUF",
  outpin "a" I,
  inpin "a2" G3,
  pip R1C25 E2==S4,
  pip R1C25 E4==S10,
```

```
    pip R1C25 E5==S7,
    pip R1C25 E6==S8,
    pip R1C25 E7==S5,
    pip R1C25 E9==S11,
    pip R1C25 N10==E6,
    pip R1C25 N5==E5,
    pip R1C25 N6==E2,
    pip R1C25 N7==E7,
    pip R1C25 N8==E4,
    pip R1C25 N9==E9,
    pip R1C25 S10==W8,
    pip R1C25 S11==W13,
    pip R1C25 S4==W6,
    pip R1C25 S5==W11,
    pip R1C25 S7->S_P7,
    pip R1C25 S8==W10,
    pip R1C25 S_P7->S1_G_B3,
    pip R1C25 W10==N9,
    pip R1C25 W11==N6,
    pip R1C25 W13==N8,
    pip R1C25 W6==N5,
    pip R1C25 W8==N7,
    pip TC25 TOP_I1->TOP_S10,
    ;
  net "a_r1_1",
    outpin "a2" Y,
    inpin "a1" F2,
    pip R1C25 E0==S6,
    pip R1C25 E1==S3,
    pip R1C25 E22==S0,
```

```
    pip R1C25 E3==S1,
    pip R1C25 N1==E1,
    pip R1C25 N2==E22,
    pip R1C25 N3==E3,
    pip R1C25 N4==E0,
    pip R1C25 OUT2->W9,
    pip R1C25 S0==W2,
    pip R1C25 S1==W7,
    pip R1C25 S1_Y->OUT2,
    pip R1C25 S3->S_P3,
    pip R1C25 S6==W4,
    pip R1C25 S_P3->S0_F_B2,
    pip R1C25 W2==N1,
    pip R1C25 W4==N3,
    pip R1C25 W7==N2,
    pip R1C25 W9==N4,
    ;
net "a_r1_2",
    outpin "a1" X,
    inpin "a2" F1,
    pip R1C25 E16==S22,
    pip R1C25 E18==S20,
    pip R1C25 E19->E_P19,
    pip R1C25 E20==S2,
    pip R1C25 E21==S23,
    pip R1C25 E23==S21,
    pip R1C25 E_P19->S1_F_B1,
    pip R1C25 N0==E20,
    pip R1C25 N19==E19,
    pip R1C25 N20==E16,
```

```
    pip R1C25 N21==E21,
    pip R1C25 N22==E18,
    pip R1C25 N23==E23,
    pip R1C25 OUT1->W5,
    pip R1C25 S0_X->OUT1,
    pip R1C25 S2==W0,
    pip R1C25 S20==W22,
    pip R1C25 S21==W3,
    pip R1C25 S22==W20,
    pip R1C25 S23==W1,
    pip R1C25 W0==N23,
    pip R1C25 W1==N20,
    pip R1C25 W20==N19,
    pip R1C25 W22==N21,
    pip R1C25 W3==N22,
    pip R1C25 W5==N0,
    ;
  net "a_r1_3",
    outpin "a2" X,
    inpin "a1" G1,
    pip R1C25 E12==S18,
    pip R1C25 E14==S16,
    pip R1C25 E15==S13,
    pip R1C25 E17==S19,
    pip R1C25 N15==E15,
    pip R1C25 N16==E12,
    pip R1C25 N17==E17,
    pip R1C25 N18==E14,
    pip R1C25 OUT6->S17,
    pip R1C25 S13->S_P13,
```

```
    pip R1C25 S16==W18,
    pip R1C25 S17==W23,
    pip R1C25 S18==W16,
    pip R1C25 S19==W21,
    pip R1C25 S1_X->OUT6,
    pip R1C25 S_P13->S0_G_B1,
    pip R1C25 W16==N15,
    pip R1C25 W18==N17,
    pip R1C25 W21==N16,
    pip R1C25 W23==N18,
    ;
net "a_r1_4",
    outpin "a1" Y,
    inpin "b_OBUF1" G1,
    pip R1C25 E10==S12,
    pip R1C25 E11==S9,
    pip R1C25 E13==S15,
    pip R1C25 E8==S14,
    pip R1C25 N11==E11,
    pip R1C25 N12==E8,
    pip R1C25 N13==E13,
    pip R1C25 N14==E10,
    pip R1C25 OUT4->W19,
    pip R1C25 S0_Y->OUT4,
    pip R1C25 S12==W14,
    pip R1C25 S14==W12,
    pip R1C25 S15==W17,
    pip R1C25 W12==N11,
    pip R1C25 W14==N13,
```

```
    pip R1C25 W17==N12,
    pip R1C25 W19==N14,
    pip R2C25 N9->N_P9,
    pip R2C25 N_P9->S0_G_B1,
;
```